神農嚐百草 (SN11)

詩情畫意 (說) 藥草

一本以柔性導讀的藥用植物學習圖鑑

引領您閱覽藥草的歷史典故

讓您輕輕鬆鬆進入藥草世界

彰化縣藥用植物學會 理事長 高一忠 編著

本書所載醫藥知識僅供參考，使用前務必請教有經驗的專
業人士，以免誤食誤用影響身體健康。

 文興印刷事業有限公司 / 出版
明中堂自然醫學教室 / 發行

作者序

人類的文化、歷史、醫療保健、起居飲食都與花草植物息息相關,也蘊含著不同的意義與功用。

有些植物芳香脫俗,為詩人所歌誦,如茉莉花。「茉莉花香名亦香,遠從佛國到中國」,將茉莉花加入茶葉,即著名的香茗,稱為「香片」。中醫也經常用茉莉入藥以疏肝解鬱,萃取的精油可潤澤肌膚、護髮。

丁香豔麗芬芳,也是古代著名的口香糖,公丁香中醫用來治療胃腸疾病及去除口臭,「口銜丁香」則是比喻在朝為官、為民喉舌。

有些植物則有吉祥祝福的民俗含義,例如石榴的果實可供食用,中醫用其果殼來治療泄瀉、痢疾,並驅蟲。民俗上,石榴象徵「多子、多孫、多福氣」,庭院種植石榴則有辟除厄運,遇難呈祥的吉祥功用。

楊柳則提及「垂楊細柳,綠幹新枝」,象徵旺盛的生命力,可祝福即將遠行的遊子平安順利,醫療上具有解熱、鎮痛功效,能治風濕病及心血管疾病。佛教清潔牙齒的「齒木」即為楊柳枝,能健齒、滌除口臭。觀世音菩薩手持楊柳,「楊枝淨水,遍灑三千」滌除了眾生煩惱困厄。

前賢云:「藥無貴賤,對症則良,法無高下,應機則妙」,作者致力於自然醫學、養生保健藥用植物,乏過人之資智,困而學之,略有心得,編撰《詩情畫意說藥草》一書,內容包含下列幾項:

(一)藥用植物的文化、歷史典故及宗教民俗的吉祥象徵。

(二)中醫藥臨床及養生保健應用。

(三)藥用植物的詩辭歌賦賞析。

(四)養生藥膳及保健茶飲介紹。

本書承蒙彰化縣魏明谷縣長、許秀夫前衛生局局長賜序推薦,中國醫藥大學廖江川教授、黃世勳教授等專家學者鼓勵賜教,十分感激,內容或有未盡完善之處,敬祈指教。

彰化縣藥用植物學會理事長

高一忠 謹識

2018.10.04

縣長序

　　彰化縣是臺灣很重要的農業重鎮，尤其是在花卉的栽培，更是技術純熟，許多花卉被改良成擁有多花型、多花色的特性，相當具觀賞性，且貨源供應穩定、質量佳且價格平實，尤其是田尾鄉水利設施渠道縱橫，灌溉二千公頃農地，除水稻、蔬菜、蘆筍等作物之外，是花卉、盆景、苗木的栽培中心，種植花類繁多，素有「花的故鄉」之美譽。

　　而花壇鄉更有「茉莉花故鄉」之稱，其茉莉花產量為全台之冠，充分供應茶飲、食品加工之應用。除此，彰化縣也是臺灣中藥產業密度極高的地區，而在中草藥的辨識、種植及應用，多年來更有彰化縣藥用植物學會協助縣府大力推廣，現任理事長高一忠老師更是長期在彰化縣各社區大學協助教導民眾認識中草藥的正確使用，由於一忠兄的上課方式生動活潑，深受學員的喜愛，開課從不間斷，值得稱許。

　　今年適逢臺中市政府即將舉辦「2018 臺中世界花卉博覽會」之盛會，一忠兄特將其上課教材取其精髓匯集成冊，內容兼顧彰化縣境內有生長、栽培、或銷售的中草藥（包括月季花、木芙蓉、牛蒡、石斛、地湧金蓮、艾草、芸香、金蓮花、枸杞子、降真香、迷迭香、魚腥草、菴摩勒果等），共計 45 種。以「經典詩句」、「傳統圖畫」網構本書的內容架構，期盼藉由引領讀者從藥草的歷史典故開始閱覽學習，以加深讀者們對藥草的認識，讓讀者能輕輕鬆鬆進入藥草世界，書名特定為《詩情畫意說藥草》。

　　當然書中知識因涉及醫療保健，還是提醒大家在使用前，仍應請教專家以免誤食誤用。本書出版恰逢「2018 臺中世界花卉博覽會」之前夕，相信本書的出版將能讓讀者認識更多植物對人類的助益，也能指導民眾認識及正確應用藥草。對於一忠兄推展彰化縣家鄉藥草之用心，本人深感佩服，成書即將問世，樂為之序。

彰化縣縣長

魏明谷 　謹識

2018.10.15

推薦序

　　俗話說：「一方水土養一方人，一方藥草治一方病」，臺灣所蘊育的藥用植物種類相當豐富，可提供生活在臺灣寶島人們養生保健、維護健康之參考，尤其當今中草藥等天然物已成為現代發展生物科技之根，由此可知流傳於臺灣民間的中草藥知識傳承之重要性。記得民國86年彰化縣政府 阮剛猛縣長任內。為發揚傳統醫藥文化，特舉辦「彰化縣慶祝86年母親節、中國母親花、中醫藥文化、中醫藥文物、藥用植物展」，吸引廣大民眾前往參觀，並獲得熱烈迴響。筆者負責衛生局局務，因此在民國90年，衛生局特邀集彰化地區中醫藥等傳統醫學界相關團體幹部，共同研議籌備成立「彰化縣藥用植物學會」，在大家努力下，彰化縣藥用植物學會於民國90年12月16日經彰化縣政府核准設立，其後歷屆縣長均重視這個學會。

　　期間經歷胡創會理事長義傳、蔡理事長森田、施理事長樹根、游理事長永年、曹理事長義政、張理事長世良等多位歷任理事長的認真付出及努力耕耘。彰化縣藥用植物學會已打下了很穩固的會務基礎，而高一忠理事長自民國105年接棒以來，更將會務帶上另一高峰，於民國106年10月22日舉辦了「2017彰顯農耀成俗民化三創產業聯合嘉年華會」，透過活動帶動彰化地區醫藥農間的產官學合作，為中草藥的傳承點燃了亮點。

　　今年高一忠理事長在會員高度支持下再次連任，基於傳承的使命，他將多年來的授課資料精華匯集成冊，以中國歷代的「經典詩句」、「傳統圖畫」架構本書的內容，讓讀者能從輕鬆的文字中，循序的認識植物，雖然內容僅收錄45種，但都是重要的藥用植物，本人有幸先閱初稿，也深深被書中文字所吸引，這種以藥草的歷史典故引導閱覽及學習的方式，相信對於藥用植物初學者一定能產生很好的學習效果。

　　書中傳統的藥草圖畫多取自明朝《本草品彙精要》一書 (明·劉文泰等編撰)，閱覽書中文字，再與書名《詩情畫意說藥草》相呼應，更發覺中國傳統藥草繪圖之美，也更能體會一忠理事長撰書之用心。今完稿即將付梓，感佩一忠理事長之創舉，實屬難得，謹綴數語以為祝賀之忱。

財團法人國定文教基金會董事長

許壽夫 謹識

2018.10.25

4

目　錄

丁香

學名：*Eugenia caryophyllata* Thunb.
來源：桃金孃科植物丁香的花蕾 (稱公丁香)
別名：雞舌香、丁子香、支解香、公丁香。

千千丁香结，婉約散清香

　　春天的丁香花，默默的綻放，香氣清馨而高雅，它不似桃花那般的豔麗，也不如櫻花的絢爛但清香怡人，綻放後歸於平淡，但馥郁芳香令人難以忘懷。

殷勤解却丁香结，縱放繁枝散涎香

　　丁香入口即香，因為花筒細長，形狀像金丁子，又有著濃郁的香氣，因此得名「丁香」。丁香是消除口臭尷尬的著名中藥，可健胃、消脹、促進腸胃蠕動，應用於胃火上升，牙周疾病引起的口臭、呃逆反胃皆有良效。

古代的口香糖

　　丁香能抑制細菌及微生物滋長，稀釋後 (1/100) 對人體的黏膜組織無刺激性，可應用於口腔及牙周疾病。東漢桓帝時期，大臣刁存每次向皇帝稟奏，皇帝都緊皺眉頭，離他遠遠的，直到某回忍無可忍，便賜他一種藥物讓他含在嘴裡，入口後有些辛味，以為得罪皇帝賜他毒藥，退朝後匆忙回府，與家人訣別，此時剛好朝中同僚來訪，覺得此事稀奇，請刁存將嘴裡藥物吐出來看看，吐出後便聞到一股濃郁馨香的氣味並非毒藥，而是芳香健胃除臭的中藥「丁香」(即雞舌香)。此後，朝廷官員面見皇帝皆會口含丁香，蔚為一時風氣。北宋科學家沈括所著《夢溪筆談》，記載：「三省故事郎官口含雞舌香，欲奏其事，對答其氣芬芳，此正謂丁香治口氣，至今方書為然。」

唐代武則天時期，詩人宋之問任職文學侍從，才學俱佳，又相貌堂堂，卻得不到武則天的重用，並一直避之遠遠，自覺懷才不遇，於是寫了一首詩，呈送武則天以期盼獲得重用，武則天閱後對一位身邊大臣說：「宋卿才學俱佳，就是不知道自己有口臭」，宋之問得知後十分羞愧，請教醫師後，經常口含丁香，以治療口臭。

口銜丁香（在朝爲官之意）

大約從漢代起，官員在見皇帝或奏事都會在嘴裡或含或嚼丁香，以免口臭讓皇帝留下不好的印象，以致影響仕途。

唐代劉禹錫被貶為郎州司馬時，曾作詩《早春對雪奉澧州元郎中》：「新恩共理犬牙地，昨日同含雞舌香」敘述口銜丁香，同事於朝廷之事。

《三曹集》收錄魏武帝曹操，魏文帝曹丕，陳思王曹植三人的文章選集，曹操曾經贈送五斤丁香給諸葛孔明，藉以表達攏絡共事之記載，「今奉雞舌香五斤，以表微意」據說諸葛孔明患有口臭，曹操藉此籠絡，希望以此博得孔明歡心為他效命。

自漢代以后，乃至明清朝中大臣及士大夫們習慣口含丁香以避口臭穢氣，乃至於令口齒芳香，成為日常之事，而文人雅士以丁香贈送友人，亦為常見禮節。

藥用價值

《本草備要》

性味：辛溫純陽

功能：泄肺溫胃、大能療腎、壯陽、暖陰戶。

主治： (1) 胃冷壅脹、嘔噦呃逆、疝癖奔豚、腹痛口臭。

　　　 (2) 腦疳齒齟、痘瘡胃虛、灰白不發。

禁忌：熱證忌用。

....

註：「呃逆」：有痰阻、氣滯、食塞、不得升降者，有火鬱下焦者；有傷
　　寒汗吐下後中氣大虛者；有陽明內熱失下者；有痢疾大下，胃虛而陰
　　火上衝者。時珍曰：「當視虛實陰陽；或泄熱或降氣或溫或補或吐或
　　下可也。」

《本草經疏》

　　丁香，其主溫脾胃，止霍亂壅脹者，蓋脾胃為倉廩之官，飲食生冷，
傷於脾胃，留而不去，則為壅塞脹滿，上涌下泄，則為揮霍撩亂，辛溫暖
脾胃而行滯氣，則霍亂止而壅脹消矣。

　　齒疳齟者，亦陽明濕熱上攻也，散陽明之邪，則疳齟自除。

　　療風毒諸腫者，辛溫散結，而香氣又能走竅除穢濁也。

經驗良方

(1) 丁香柿蒂湯

　　主治：久病呃逆，因于寒者。

　　組成：丁香二錢、柿蒂二錢、人參一錢、生薑五片

　　說明：打嗝，中醫稱為呃逆，是指胃氣上逆，導致橫隔膜痙攣收縮所
　　　　　發出的聲音，為常見的消化道症狀，但是不停的打嗝會導致咽
　　　　　喉疼痛，難以入眠，甚至難以進食。

最常見症狀為呃聲沉緩，得熱則呃減，遇冷則甚，胸隔及胃脘不舒，難以進良，大便不成形。輕者可自癒，重者可持續數日或數月。

(2) **食蟹致傷**：丁香末，薑湯服五分。(《證治要訣》)

(3) **鼻中瘜肉**：丁香末綿裹納之。(《太平聖惠方》)

(4) **治癬**：(臨床報導) 丁香 15 克，加 100ml 70% 酒精。浸泡 48 小時後去渣，每日搽患處 3 次，觀察 31 例，病史在 2 年以上者的體癬及足癬患者，一般在治療 1 天後，症狀即見消退，病史較長者，或曾經用其它癬藥治療而不能控制者，則治療後 2 ～ 3 天，症狀才會消退，但有 20% 左右患者治癒後仍反覆發作。治療期如中斷用藥，效果多不明顯或無效。

(5) **治癰疽惡肉**：丁香末敷之，外用膏藥護之。(《怪症奇方》)

(6) **烏龍丸** (《萬病回春 · 卷上 · 體氣》)

1 公分

　　主治：腋氣 (體臭，狐臭)

　　組成：當歸、生地黃各一兩，白茯苓二錢，枸杞子、石蓮肉各一兩，蓮蕊五錢，丁香三錢，木香、青木香、乳香、京墨各五錢，冰片一分

　　加減：婦人加烏藥、香附各三錢

　　製服法：上為末，陳米飯，荷葉燒過，搗爛入藥為丸，如黃豆大，每服三、四十丸。

(7) **丁香治療噎膈** (食道癌)

　　丁香：辛溫，芳香濃烈，溫中散寒。

　　鬱金：辛寒，芳香清涼，行氣解鬱，活血散瘀，有血中氣藥之稱。

　　二者均善通達胃氣，芳香開脾，合用者有溫通理氣、開鬱除痛、啟脾醒胃之功，治氣鬱胸悶、食慾不振。二藥配伍治噎膈、嘔吐反胃、呃逆，皆有良效。

　　食道癌、胃癌病人，都會有噎膈、反胃及食道窄縮症狀，並且久治不癒，二藥合用溫通理氣，是畏而不畏，而化瘀行氣「畏藥同用卻痼疾」。

藥理研究

(1) **抗菌作用**：對多種癬菌、白色念珠菌、葡萄球菌、鏈球菌；白喉、變形、綠膿、大腸痢疾、結核、傷寒等多種桿菌均有抑制作用。

(2) **健胃作用**：丁香芳香健胃，可以緩解腹部脹氣，增強消化功能，減輕噁心嘔吐。

(3) **止牙痛**：丁香油少許滴入，可消毒齲齒腔，破壞其神經，減輕牙痛。

養生茶及藥膳

(1) **丁香烏梅茶**

　　組成：丁香 10 克、烏梅 100 克、山楂 20 克、陳皮 10 克、肉桂 10 克

　　作法：置鍋內，加水 1000ml 浸潤，煎煮 30 分鐘，離火靜置候冷，加入紅糖 500 克，熬成膏狀，置瓶內冷藏，飲用時取適量加開水沖服。

　　功效：生津止渴、寧心除煩，治暑熱煩悶、食慾不振、口乾舌燥。

(2) **丁香鴨**

　　材料：鴨子一隻（約一斤半）、丁香 5 克、肉桂 5 克、草豆蔻 5 克、生薑 15 克、蔥 20 克、醬油適量、紅糖 30 克、香油 25 克

　　作法：丁香、肉桂、草豆蔻加水 1000ml，浸潤後煮 20 分鐘，去渣將藥汁倒入鍋內，生薑、蔥拍破，同鴨子放入鍋中，用文火煮至 6 成熟，撈出放涼，再放入鍋內加入醬油用文火燒煮，直到鴨肉色澤鮮紅時取出，抹上香油切片裝盤即可食用。

　　口感：色澤鮮紅明亮，肉質軟嫩，芳香可口

　　功效：健脾、助消化，治脾胃虛弱、虛寒咳嗽、腎虛水腫。

丁香花語

初戀，愛情花

　　丁香花語是初戀，是愛情的象徵，歷代文人雅士的詩文中經常描繪的愛情花，唐·詩人、李商隱作品《代贈》即為一例。

《代贈》

樓上黃昏欲望休，玉梯橫絕月如鈎，

巴蕉不展丁香結，同向春風各自愁。

藉丁香比喻初戀情人，相隔二地，思慕的情懷。

光輝，天國之花

丁香花淡雅而馨香而解鬱，號稱「天國之花」相傳擁有丁香花的人將會得到天神的祝福，擁有光輝的人生。

幸運之愛

丁香花瓣通常為四片花瓣，據說誰能找到五片花瓣的丁香花，就能獲得「幸運之愛」，如果將花瓣吃了，情人的情感將相愛不渝，永不變心。

花語尚有愛情萌芽，美麗，歡喜，寂靜，純潔，思念，青春，羞怯之意。

補遺

《山堂肆考》

江南人稱丁香為「百結花」，葉如茉莉，而色深綠，丁香花的顏色有紫色、淡紫色、藍紫色、白色、紫紅等顏色，但以白色、紫色居多，幾十，幾百朵花成簇集合，白色花則淡雅清香，紫色則清麗而脫俗，花朵繁茂，花色淡雅馨香，兩性花，圓錐花序，呈頂生或側生。

丁香又名洋丁香、百結、情客。

丁香之美，攝人魂魄；丁香之雅，動人心弦；丁香之香，馨香而寧神定志。

丁香原產於印尼、爪哇、非洲等熱帶地區，約在滿朝時期，西元前210年，爪哇國派特使到中國覲見黃帝，口含丁香，令口氣芳香，此後朝中大臣覲見黃帝時口含丁香成為朝臣之既定禮儀。

月季花

學名：*Rosa chinensis* Jacq.

來源：薔薇科植物月季花半開放的花朵

別名：月季、薔薇花、斗雪花、長春花、四季花、月月紅、月月花

藥用價值

性味：甘溫、無毒

歸經：入肝、腎二經。

功能：

(1) 肝經鬱結，煩躁不安。

(2) 活血調經，消腫止痛，治月經不調，經來腹痛、跌打損傷、血瘀腫痛、癰疽腫毒、冠心病、心絞痛。

(3)《現代實用中藥》「活血調經，至月經困難，月經拘攣性腹痛。外用：搗敷腫毒能消腫止痛。」

(4)《泉州本草》「通經、活血化瘀、清腸胃濕熱、瀉肺火、止咳、止血、止痛，治癰毒。」，「治肺虛咳嗽、喀血、痢疾、潰爛、癰疽腫毒、婦女月經不調。」

應用：月季花質輕升散，能活血調經、疏肝解鬱、理氣止痛，可應用於肝氣鬱結，氣滯血瘀之月經不調、痛經、閉經、胸脅脹滿及心血管疾病。

經驗良方

(1) **治月經不調**：鮮月季花 5 ～ 7 錢，開水沖服，連服數天。

(2) **治肺虛咳嗽喀血**：月季花合冰糖沖服。

(3) **治筋骨疼痛，腰膝腫痛，跌打損傷**：月季花浸泡白酒服用。

(4) **治產後陰挺**：月季花 1 兩，紅酒燉服。

(5) **治痛經、白帶**：月季花根 1 兩、雞冠花 3 錢、益母草 3 錢，青殼雞蛋燉服。

(6) **治筋骨疼痛、腰膝腫痛、跌打損傷**：月季花嫩葉搗敷患處。

藥理研究

　　本品具有鎮痛作用，可改善微循環，擴張心血管，增加血流量及結締組織代謝，降低血小板凝集。

食療方

(1) **月季花茶**

　　組成：月季花 10 克、紅茶 1.5 克。

　　作法：沸水沖泡飲用。

　　功效：活血調經，理氣消腫。

　　禁忌：孕婦忌用，脾胃虛弱者慎用。

1 公分

(2) **月季雪梨銀耳羹**

　　組成：月季花 3 朵、雪梨 2 個、銀耳 50 克、川貝母 5 克，冰糖適量。

　　作法：

　　(a) 銀耳用沸水泡軟，撕碎，雪梨洗淨切塊。

　　(b) 將所有材料入鍋，加水適量，煮沸後改文火續煮 30 分鐘。

(c) 停火,加入月季花及冰糖拌勻即可。

功能:滋陰潤燥、化痰止咳。

(3) **月季花粥**

組成:月季花 3 朵、粳米 100 克、紅糖適量。

作法:粳米加入適量清水煮,成粥時加入月季花、紅糖。

功能:活血調經、化瘀止痛。

(4) **酥炸月季花**

組成:鮮月季花瓣 100 克、麵粉 400 克、雞蛋 3 個、牛奶 200c.c.、白糖 50 克、精鹽適量、沙拉油 50 克、發酵粉適量。

作法：

(a) 將雞蛋清分離，蛋黃打入碗中，加入糖、牛奶。

(b) 攪勻後加入麵粉、油、鹽、發酵粉，輕攪成麵糊。

(c) 蛋清用筷子攪至起泡後，再加入麵糊中。

(d) 花瓣加糖醃製 30 分鐘，再加入麵糊中，用湯勺舀麵糊於五成熱的
油中炸酥。

服法：可做早、晚餐或點心食用。

功能：疏肝解鬱、活血化瘀、調經理帶，適用於心血管疾病及血瘀性
經期延長。

月季花

◆

活血調經、疏肝解鬱

Memo

❀

木芙蓉

學名：*Hibiscus mutabilis* **L.**

來源：錦葵科植物木芙蓉的全株

別名：醉酒芙蓉、拒霜花、三變花、愛情花、九頭芙蓉、朝開暮落花。

撫媚又兼具養生效果

　　芙蓉花的花色一日數變，初開呈白色，漸呈淡紅色、深紅色等，有如多變的美女，隨時更換著美麗的衣裳。芙蓉花是很好的食材，食用方法很多，可以炒、或煮湯，也可用炸的，它有很多黏液質是絕佳的養生食材，但也有點苦澀，可先用開水燙過再下鍋。

芙蓉花、愛情花

　　花蕊夫人是五代‧後蜀皇帝孟昶最寵愛的妃子，長得嬌艷而撫媚動人。有一天花蕊夫人在市集中看到了艷麗的芙蓉花、花團錦簇，猶如天上的彩雲，十分歡喜。孟昶知道了此事，為討好愛妃的歡心，特別下旨在成都各地遍植芙蓉花，於是呈現了「城頭盡種芙蓉，秋間盛開，蔚若錦繡。」

　　孟昶曰：「群臣自古以蜀為錦城，今日觀之，真錦城也。」待到來年，花開時節，成都猶如四十里錦繡。廣政十二年的十月，成都各地芙蓉花盛

開，孟昶邀花蕊夫人登上城樓，相依相偎共賞芙蓉，景色優美，芙蓉花艷麗數十里，燦若彩霞，此後成都便有「芙蓉城」之美譽。

　　後來，後蜀與宋爭戰，後蜀兵敗之國，花蕊夫人被宋太祖趙匡胤掠入後宮，納為妃子，花蕊夫人懷念孟昶，偷偷的收藏孟昶的畫像，經常拿出來觀看，趙匡胤知道此事，便要求交出畫像，花蕊夫人不從，盛怒之下將她殺死，一代美人從此香消玉損，後人因為花蕊夫人對愛情的忠貞不渝，奉為「芙蓉花神」，而芙蓉花也被稱為「愛情花」。

曉妝如玉、暮如霞

(1) 芙蓉花色，一日三變，花朵中含「花青素」是一種水溶性色素，可隨著細胞液的酸鹼度而改變。早晨花色為白色漸轉淺紅色，中午為粉紅色，傍晚為深紅色，因此有「三醉芙蓉」、「弄色芙蓉」之稱。

(2) 有的時候芙蓉花的花瓣是一半銀白色，一半是粉紅色或紫色，因此也有人稱為「駕鴦芙蓉」。

藥用價值

《本草備要》

性味：辛平，性滑涎黏

功用：清肺涼血、散熱止痛、消腫排膿、抗癌。

主治：治一切癰疽腫毒有殊功。

※ 清涼膏

(1) 用芙蓉花或葉或皮或根，生搗或乾研末，蜜調，塗四圍，中間留頭，乾則頻換。

(2) 功效：初起者：即覺清涼；已成者：即膿出；已潰者：則易斂。瘍科秘其名為「清涼膏」、「清露散」、「鐵箍散」皆此物也。

(3) 或加赤小豆或蒼耳燒存性為末，加入亦妙。

※ 現代醫學

功效：治咳嗽氣喘、婦女白帶、
　　　肺熱目赤、癰瘡腫毒。

臨床應用：

(1) 邪熱壅肺，肺失和降，而有
　　氣逆作咳，咳聲嗆急，眼眶
　　脹痛。

(2) 可以對抗「內毒素」引起的
　　免疫功能紊亂，促進組織、
　　器官損傷的修復。

(3) 加強機體非特異性免疫功能，刺激網狀內皮系統增生。

(4) 可應用於消化道潰瘍，消化系統功能紊亂、腸癰、肥厚性鼻炎、急性
　　中耳炎。

經驗良方

(1) **治經血不止**：拒霜花、蓮房等分為末，每次二錢米飲下。(《婦人良方》)

(2) **芙蓉軟膏**：以芙蓉花製成 20% 軟膏，外敷治療蜂窩組織炎等症，有消
　　炎、消腫、化膿、止痛功效。一般上藥一次，疼痛即明顯減輕。3 ～ 7
　　次便能收到良效。

木芙蓉有良好的抗癌作用

抗癌成份：黃酮苷、酚類。

臨床應用：對胃癌療效最明顯，亦可應用於肺癌、乳癌、皮膚癌等。

(1) **胃癌**

　　　　中醫觀點：屬噎膈、反胃、癥瘕、積聚等範疇。好發於胃竇，其
　　次是胃小彎、賁門、胃底或胃體。

臨床表現：早期很少有明顯症狀，出現症狀時，多已進入晚期。

消化系統症狀：經常有上腹飽脹不適及疼痛，無典型節律，常被誤判為慢性胃癌。少數病人可表現為消化性潰瘍，並伴有食慾不振、厭食、吞嚥障礙、噁心、嘔吐、黑便等。

全身症狀：體重急速下降，出現明顯消瘦、蒼白、貧血、低熱等惡液病質表現。

體徵：部份病人可於上腹部觸摸到包塊，質地較硬並有壓痛。淋巴結轉移時，可在鎖骨上窩，左腋下等處，出現腫大的淋巴結。

(2) 芙蓉益胃湯

組成：木芙蓉、黨參、生薏仁、仙鶴草、白英、七葉一枝花、仙鶴草、龍葵、黃耆。

製服法：水煎溫服，一月為一療程。

功能：健脾益氣、解毒抗癌。

主治：胃、十二指腸潰瘍，胃癌、倦怠乏力、嘔吐、噁心等消耗性症狀，病況纏綿，日久不癒。

方義：

(a) 黨參、黃耆、薏仁：甘溫，益氣健脾，扶正祛邪。

(b) 七葉一枝花、白英、仙鶴草、龍葵：清熱解毒，消癥腫，抗腫瘤。

(c) 本方虛實兼顧，使正氣得復，邪氣可散。

(3) 芙蓉花煎蛋

材料：芙蓉花、雞蛋，沙拉油、米酒、鹽各適量。

作法：

(a) 將芙蓉花除去葉片及花蕊，剝開清水洗一遍，熱水汆燙，瀝乾備用。

(b) 熱油鍋，將芙蓉花紋火炒至半熟。

(c) 雞蛋敲開與炒好的芙蓉花加入米酒，鹽，攪拌均勻，熱油鍋，將拌勻的芙蓉花雞蛋倒入鍋內，文火煎至兩面都呈金黃色即可食用。

功效：這是一道養顏潤膚、清肺止咳的美食，能清熱、涼血、消腫排膿及抗癌。

附錄：**蘄艾** (另一種芙蓉)

學名：*Crossostephium chinense* (L.) Makino

來源：菊科植物蘄艾的粗莖及根

別名：芙蓉、千年艾、海芙蓉、白石艾、玉芙蓉、白艾、白香菊、芙蓉菊。

性味：辛微溫

功效：

(1)《福建中草藥》：祛風除濕，主風濕痺痛、胃脘冷痛。

(2)《嶺南采藥錄》：玉芙蓉、草本、葉灰白色、環莖而生，頗類菊花，有香氣，凡麻痘作癢，以此葉掃之，小兒驚風，取葉搗敷臍中。

(3)《本草鉤沉》：治癩癧、乳腺炎、皮膚濕疹。玉芙蓉 9 ～ 15 克，水煎服，或用鮮葉搗敷，亦可煎湯洗浴。

(4) 治風濕關節痛：芙蓉根、大風草、九層塔、雞屎藤各 3 ～ 5 錢，水煎服。

Memo

❈

木芙蓉

◆

曉妝如玉、暮如霞

牛蒡

學名：*Arctium lappa* L.

來源：菊科植物牛蒡的果實或根

別名：大力子、惡實、鼠粘子、東洋參、東洋牛鞭菜。

一千多年前日本從中國引進並改良成食物，牛蒡含菊糖、纖維素、蛋白質、鈣、磷、鐵等人體所需的多種維生素及礦物質，其中胡蘿蔔素含量比胡蘿蔔高150倍，蛋白質和鈣的含量為根莖類之首。牛蒡根含有菊糖及揮發油、牛蒡酸、多種多酚物質及醛類，並富含纖維素和氨基酸。

藥用價值

(1) 根 (牛蒡根)

性味：苦、辛，涼。

功能：清熱解毒、疏風利咽、消腫。

主治：風熱感冒、咳嗽、咽喉腫痛、瘡癤腫毒、腳癬、濕疹等。

編語：

(a) 牛蒡根能治療糖尿病、高血壓、高血脂及抗癌等作用。可降血糖、降血壓、降血脂、治療失眠，提高人體免疫力等功效。

(b) 牛蒡 (全植物)：含有抗菌成分，其中葉含抗菌成分最多，主要抗金黃色葡萄球菌。莖葉可用於頭風痛、煩悶、金瘡、乳癰、皮膚風癢。

(2) 果實 (牛蒡子)

1 公分

性味：辛、苦，涼。

功能：疏風散熱、宣肺透疹、
　　　解毒利咽。

主治：風熱感冒、頭痛、咽喉
　　　腫痛、痄腮、疹出不透、
　　　癰癤瘡瘍。

編語：牛蒡子水提取物能顯著
　　　而持久地降低大鼠的血糖，增高碳水化合物耐受量。

藥理研究

(1) 抗衰老：

　　人類生命在正常活動代謝過程中，會產生一種有害於身體健康，促使細胞衰老的物質自由基。它們能夠促使產生脂褐斑色素 (老年斑) 的生成和堆積。

　　老年斑在體表的出現，表示機體中細胞已進入衰老階段。牛蒡根：含有過氧化物酶，它能增強細胞免疫機制的活力，清除體內氧自由基，阻止脂褐質色素在體內的生成和堆積，抗衰防老，為機體提供了對抗和清除氧自由基的內護環境。

(2) **牛蒡苦素**：能抑制癌細胞中磷酸果糖基酶的活性。牛蒡子貳元也有抗癌活性，同時還具有抗老年性癡呆作用。

(3) **牛蒡含黃酮貳類化合物**：對惡性腫瘤具有一定抗性，其粗提取物呈選擇毒性，較低量就可抑制癌細胞增殖，使腫瘤細胞向正常細胞接近。

(4) **牛蒡對金屬離子的吸附能力**：依次為 $Pb>Cd>Hg>Ca>Zn$。

(5) **牛蒡貳和牛蒡酚有抗腎炎活性**：能有效地治療急性進行性腎炎和慢性腎小球腎炎，可做為腎病治療劑。

(6) **牛蒡的主要成分木酚素**：具有抑制血小板活化因子對血小板結合作用，可以做血小板活化因子拮抗藥。

Memo

❈

牛蒡

◆

提高人體免疫力、抗衰老

牛膝（經常誤用中草藥）

學名：懷牛膝 *Achyranthes bidentata* Blume

或川牛膝 *Cyathula officinalis* Kuan

來源：莧科植物懷牛膝或川牛膝的根

別名：百倍、牛莖、粘草子根。

懷牛膝之原植物

川牛膝之原植物

　　牛膝始載於《神農本草經》列為上品。藥用牛膝以懷牛膝為正品，市售牛膝(誤用品)腺毛馬藍為爵床科植物，中國醫藥大學調查及實務上，40 件商品中，誤用品腺毛馬藍(味牛膝占 39 件，僅 1 件為藥典記載之川牛膝)

《本草詩》（清 · 趙瑾叔）

牛膝應須用酒蒸，通天柱杖有人稱

益將精髓筋能壯，解卻筋攣濕不凝

利便管教經亦至，墮胎還使血俱崩

牲牢專忌黃牛肉，龜甲投來更可憎

藥用價值

《本草備要》

性味：苦酸而平；酒蒸則甘酸而溫

入經：足厥陰、少陰經藥，能引諸藥
　　　下行。

功效：

(1) 酒蒸：則甘酸而溫，益肝腎，強筋
　　骨

　(a) 治腰膝骨痛，足痿筋攣 (肝主
　　　筋，腎主骨，下行故理足，補
　　　肝，則舒筋，血行，則痛止。)

　(b) 陰痿失溺，久瘧下痢，傷中少
　　　氣。

(2) 生用：則散惡血、破癥結

　(a) 治心腹諸痛，淋痛尿血，經閉
　　　產難，喉痺齒痛。(熱蒿膀胱，
　　　便濇而痛，曰淋。)(大法治淋，
　　　宜通氣，清心平火，利濕，不
　　　宜用補，恐濕熱，得補增劇，
　　　牛膝淋證要藥，血淋尤宜用
　　　之。)(又有中氣不足，致小便
　　　不利者，宜補中益氣，經所謂：「氣化則能出」是也，忌用淋藥通
　　　之。)

　(b) 癰腫惡瘡，金瘡傷折，出竹木刺。(搗爛醃之)

禁忌：然性下行而滑竅，夢遺失精，及脾虛下陷，因而腿膝腫痛者禁用。
　　　(月經過多及孕婦均忌服)

炮製：下行生用；入滋補藥：酒浸蒸。

《神農本草經》（上品）

性味：苦酸平、無毒

功效：主寒濕痿痹，四肢拘攣，膝痛不可屈伸，逐血氣，傷熱火爛，墮胎。

久服：輕身耐老

《名醫別錄》

　　療傷中少氣，男腎陰消，老人失溺，補中續絕，填骨髓，除腦中痛及腰脊痛，婦人月水不通，血結，益精，利陰氣，止髮白。

經驗良方

(1) **治風瘙癮疹、骨疽、癩病及瘡**：牛膝為末，酒下，日三服。（《千金方》）

(2) **治鶴膝風**：牛膝、木瓜、五加皮、骨碎補、金銀花、紫花地丁、黃柏、萆薢、甘菊根水煎服。（《本草匯言》）

(3) **濕熱下注，兩腳麻木，下肢痿軟無力，或足膝紅腫熱痛，或濕熱帶下，下部濕瘡，見小便短黃、舌苔黃膩。風濕性關節炎、類風濕性關節炎、外陰炎、陰囊濕疹等。**

組成：蒼朮 6 兩 (米泔浸、焙乾)、牛膝 2 兩、黃柏 4 兩，研細末，麴糊丸，忌魚腥、蕎麥、酒炸等物。（《三妙丸·醫學正傳》）

(4) **玉女煎 (養陰清胃煎)**（《景岳全書》）

組成：石膏 1 兩半、麥冬 5 錢、知母 3 錢、牛膝 3 錢

製服法：水煎，日三服。

功能：補腎陰、瀉胃火

主治：

(a) 腎陰不足，胃火熾盛：見煩熱口渴、頭痛，牙齦腫痛，口舌生瘡，或吐血、衄血，舌乾紅、苔白或黃、脈浮洪滑大，按之虛軟。

(b) 急性口腔炎、舌炎、牙周炎，屬陰虛胃熱者。

(5) 獨活寄生湯 (《千金方》)

組成：獨活三錢、桑寄生四錢、秦艽三錢、防風三錢、細辛一錢、杜仲三錢、牛膝三錢、當歸三錢、熟地黃四錢、芍藥三錢 (酒炒)、川芎三錢、人參三錢、桂心一錢、茯苓三錢、灸甘草二錢。

製服法：水煎溫服

功能：益肝腎、補氣血、袪風濕、止痺痛。(抗炎、鎮痛、強壯、補血)

主治：

(a) 肝腎虛熱、風濕內攻、腰膝作痛、冷痺無力、屈伸不便。

(b) 肢節屈伸不利、肢體麻木、畏寒喜濕、舌淡苔白、脈細弱。

(c) 慢性關節炎、慢性腰腿痛、風濕性坐骨神經痛等，屬肝腎兩虧，氣血不足者。

藥理：

(a) 人參、茯苓、灸甘草：滋養強壯、健胃

(b) 當歸、白芍、熟地黃、川芎：補血、滋養、強壯、止痛

(c) 杜仲、桑寄生：補腎、降壓

(d) 秦艽：具消炎作用，可使關節炎症狀減輕，加快消腫，其作用機能亢進，引起皮質激素分泌增加，而有治療關節炎作用，並能鎮定、鎮痛。

(e) 獨活：抗關節炎、發汗、鎮痛、鎮靜

(f) 防風：鎮痛、發汗

(g) 細辛：麻醉、鎮痙、鎮痛、發汗

(h) 牛膝：鎮痛、利尿

(i) 桂枝：擴張血管、緩和平滑肌痙攣而止痛

臨床應用：

(a) 本方合養血之四物湯，秦艽、防風、細辛散風除痺，桂枝、獨活：溫寒鎮痛，桑寄生、杜仲、牛膝、茯苓之袪濕以治痺痛。人參、灸甘草之強壯、緩中止痛，既可補血又可興奮神經，調整血行。

牛膝應用須用酒蒸，通天柱杖有人稱

(b) 對病後衰弱及神經衰弱之風濕關節炎有良效。

(c) 亦可應用於妊娠婦女腰痠背痛等症。

懷牛膝與川牛膝之比較

混淆藥組	懷牛膝	川牛膝
性味	味苦、酸，性平。	味甘、微苦，性平。
效用	補肝腎、強筋骨、逐瘀通經、引血下行。	活血祛瘀、祛風利濕。
飲片分辨	(1) 表面灰黃色或淡棕色。 (2) 質硬脆，易折斷，易吸潮變軟。 (3) 同心環數 2 ～ 4 輪，髓部明顯。	(1) 表面黃棕色或灰棕色，較粗糙。 (2) 質韌，不易折斷。 (3) 同心環數 4 ～ 11 輪。
品質鑑別	以根長，肉肥，皮細，黃白色者為佳。	以條粗壯，分枝少，質柔韌，斷面淺黃色者為佳。
說明	《中國藥典》將「牛膝」(即懷牛膝) 及「川牛膝」分列兩項，一般中醫師所處方的「牛膝」藥材，通常應用懷牛膝入藥，若欲採「川牛膝」者，宜加強註明。	川牛膝於臺灣市售稱「杜牛膝」，川牛膝以主產四川而得名，在本草古籍中始見於明初的《滇南本草》，但因無形態說明，很難考訂其來源植物。

懷牛膝之飲片

1 公分

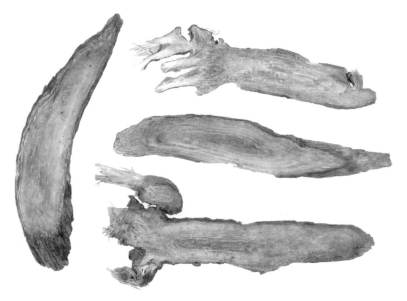

川牛膝之飲片

├────┤
1 公分

Memo

✥

仙鶴草

學名：*Agrimonia pilosa* Ledeb.

來源：薔薇科植物仙鶴草的全草

別名：龍芽草、脫力草、金頂龍芽、石打穿。

《黃鶴樓》（唐・崔顥）

昔人已乘黃鶴去，此地空餘黃鶴樓。

黃鶴一去不復返，白雲千載空悠悠。

晴川歷歷漢陽樹，芳草萋萋鸚鵡洲。

日暮鄉關何處是，煙波江上使人愁。

～仙鶴傳奇～

黃鶴樓是江南的名勝風景，傳說在很久以前，長江的鸚鵡洲有一座樓閣，住著一位世外高人，潛修道法又醫術高明，樓閣附近長滿各種奇花異草。某年的晚秋時節，一隻黃鶴受傷，跌落在樓前，哀哀的啼叫，期盼有人來救它；道人聽到哀啼聲，看見受傷的黃鶴，採來一把葉子像羽毛，開著黃花的藥草，搗爛後包紮在黃鶴的傷口上，不久便止血不再疼痛了。幾天後，黃鶴的傷便痊癒了。

某天清晨，道人向鄉親們辭別，乘著黃鶴飛向天際，從此不再見到道人與黃鶴，鄉親們感念道人行醫濟世的德行，朝暮仰望著天空，日復一日，詩人崔顥遊歷黃鶴樓，聽聞此一傳說，寫下了千古名詩《黃鶴樓》。

後人紀念道人，便將他住過的樓閣稱為「黃鶴樓」，給黃鶴療傷的藥草稱「仙鶴草」。

藥用價值

性味：苦澀而平。

歸經：入肺、肝、脾經。

功能：收斂止血、補虛消積、殺
　　　蟲療疥、止瀉、消癥腫。

主治：

(1)《本草備要》「治勞傷吐血有
　　神功」

(2)《生草藥性備要》「理跌打損
　　傷，止血，散瘡毒」

(3) 治吐血、衄血、尿血、潰瘍出
　　血、婦女崩漏、牙齦出血等出
　　血症狀，止血效果良好，無論
　　任何部位出血，寒、熱、虛、
　　實體質，皆可應用，可內服、
　　外敷。

(4) 止泄痢，療瘡癤癥腫，殺蛔蟲
　　蟯蟲，婦女陰道毛滴蟲。

(5) 治勞傷、脫力、倦怠乏力、貧血、臉色萎黃。

(6) 治癌症、糖尿病、心律不整。

仙鶴草

◆

昔人已乘黃鶴去，此地空餘黃鶴樓

藥理研究

(1) **抑菌作用**：仙鶴草素對枯草桿菌、金黃色葡萄球菌等多種細菌，均有
　　抑制作用。

(2) **驅蟲作用**：對蛔蟲、縧蟲、陰道毛滴蟲，均有驅除作用。

(3) **強心作用**：能調整心率，增加心肌收縮力。

(4) **止血作用**：能縮短凝血
時間，增加血小板。

(5) **美容作用**：對脫髮、
毛囊炎、脂溢性皮膚
炎引起的搔癢和秕糠
樣鱗屑，均有治療作
用。

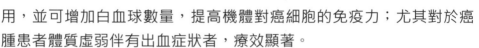

1 公分

(6) **抗癌作用**：仙鶴草水煎液
對多種癌細胞均有抑制作
用，並可增加白血球數量，提高機體對癌細胞的免疫力；尤其對於癌
腫患者體質虛弱伴有出血症狀者，療效顯著。

(a) 研究發現，傳統的化療藥物，對於癌瘤細胞及正常細胞皆有毒殺作
用；而仙鶴草能抑制腫瘤細胞，又可增強正常細胞生理活性。

(b) 仙鶴草治療癌症，其地上部份之療效最佳。使用時，去掉根部，以
確保療效。

仙鶴草治癌應用

(1) **食道癌**

(a) 屬中醫學「噎膈」範圍。西醫學認為，確實原因不明，可能與飲食
生活習慣或環境因素有關。

(b) 中醫學：認為主因是「痰濕熱結」「氣滯血瘀」。

明·徐靈胎云：「噎膈之證，必有瘀血，頑痰逆氣，阻膈胃氣」。

(c) 早期症狀

進食時：胸骨後（心窩部）有不適感，悶脹或刺痛樣，燒灼樣疼痛，
尤其是進食酸、辣等刺激性食物後。

持續性的吞嚥異物感或咽喉異物感。

進食後：有食物在某一部位停滯的感覺。

(d) 繼發症狀

進行性吞嚥困難。

嘔吐：嘔吐食物或泡沫樣黏液。

疼痛：胸骨後疼痛。

體重：急速減輕。

(e) 晚期症狀

　　食道穿孔，高熱、胸痛、咳嗽，如擴散至氣管，可造成食道及氣管瘻瘡，引起嗆咳。擴散至胸腔，可引走膿胸；擴散至大動脈，可引起大出血而致死。

　　神經系統症狀：侵犯咽喉神經，可引起聲音嘶啞；侵犯膈神經，可引起膈肌麻痺。

　　嘔血及黑便。

(f) 治療

仙鶴益氣抗癌湯

組成：黃耆、當歸、白朮、西洋參、仙鶴草、鱉甲、桂圓、白芍、露蜂房、柿霜、茜草、元胡 (延胡索)、七葉一枝花、玫瑰花。

功能：抗癌、益氣補血、扶正固本。

主治：食道癌、胃癌、氣血兩虛，症見嚥下困難，進食梗阻，泛吐清涎及泡沫，痰中帶血，胸背疼痛，臉色灰暗，骨瘦如柴，臉部及兩足浮腫，倦怠納呆，大便溏泄，舌淡苔白，脈沉細無力。

(2) 腎癌

組成：仙鶴草、半枝蓮、龍葵、蛇莓、土茯苓、大薊、小薊、瞿麥、黃柏、
　　　元胡、薑竹茹、淡竹葉。

製服法：水煎，空腹服下。

功能：解毒抗癌、清熱止血。

主治：腎癌、尿血或淋瀝澀痛、高熱不退、腰痛如折、口乾舌燥、渴欲飲
　　　水、噁心嘔吐、舌紅苔黃、脈數。

(3) 癌腫疼痛

仙鶴抗癌湯

組成：仙鶴草、甘草、炒檳榔、半夏、白英、龍葵、茜草。

製服法：水煎服。每日一劑，30劑為一療程。

功能：抗癌、攻堅消積、活血止痛。

主治：各種癌症之疼痛。

方義：本方主治癌痛，病屬正虛邪結，痰阻氣滯者。

(a) 以仙鶴草為君：大劑用之，扶正益氣，治脫力勞傷者，抗癌止痛。

(b) 臣以白英、龍葵：消腫、散結、止痛，解毒清熱。

(c) 佐以半夏、檳榔：散結消痞，化痰去濕，理氣止痛。

(d) 甘草為使：調和藥性，與仙鶴草配伍，增強扶正抗癌功效。

(e) 本方對各種癌痛均有效，對骨癌疼痛尤佳；對肝癌、肺癌、乳癌、鼻咽癌、大腸癌、胃癌，亦有良效。

補遺

(1)《藥鏡·拾遺賦》云：「滾咽膈之痰，平翻胃之穢，石打穿識得者誰。」

注釋：噎膈翻胃，從來醫者病者，群相畏懼，以為不治之症，余得此劑，十投九效，乃作歌誌之。

歌曰：「誰人識得石打穿，綠葉深紋鋸齒邊，闊不盈寸長更倍，圓莖枝抱起相連，秋發黃花細瓣五，結實扁小針刺攢，宿根生本三尺許，子發春苗隨弟肩，大葉中間夾小葉，層層對比相新鮮，味苦辛平入肺臟，穿腸穿胃能攻堅，採掇莖葉搗汁用，蔗漿白酒佐使全，噎膈飲之痰立化，津咽平復功最先。」

(2)《綱目拾遺》云：「余親植此草於家園，儼如馬鞭草之穗，其花黃而小，攢簇條上，始悟馬鞭草花紫，故有『紫頂龍芽』之名，此則花黃，名『金頂龍芽』。」

學名：*Zingiber officinale* Roscoe

來源：薑科植物薑的新鮮根莖

別名：薑母、還魂草、生姜。

薑有佛心，菜中佛士

《詠薑詩》

新芽肌理細，映日瑩如空。

恰似勻妝指，柔尖帶淺紅。

詩人將鮮嫩的薑芽喻如少女的纖纖玉指，晶瑩剔透，充滿生命的活力。

明·李時珍《本草綱目》云：「薑，辛而不葷，可蔬，可和，可果，可藥」。言其功用廣泛，可以蔬食，和百藥，可作零食，亦可入藥為君。

白玉夜生香，空濛月倚廊。

寒塘聞笛賦，臨水韻淒涼。

無弦亦相和，往來庭前桑。

太湖三萬頃，月在波心藏。

生薑是國人飲食，醫藥不可缺乏之物，故前賢云：「薑佐百味」，中醫處方用藥，處處可見薑，棗煎，宋·王安石云「薑，能疆禦百邪，故謂之薑」。

月光下盛開的薑花，綻放著白玉般的花朵，清新，高雅脫俗，靜靜的釋放出淡雅，辛涼又充滿靈氣的香氛，猶如隱士般的能仁，寂靜的禪意，亦如萬頃的太湖，波濤壯麗，胸懷容納得下三千大千世界，故又猶如菜中佛士，因為薑有佛心，能療治百病。

三生茶

三生茶源自於桃花江畔，為客家人養生保健的擂茶，故又稱「客家擂茶」，相傳三國時期孔明帶兵南征孟獲，五月渡瀘，深入不毛，官兵於桃花江畔的「桃葉渡口」，因觸江水瘴氣中毒，罹病的官兵有數千之眾，大軍只得停滯於江畔，軍醫醫治無效，只得遍尋當地醫師，亦未見功效，一日，某位老先生路過，雖見官兵罹病哀鴻遍野，但卻紀律嚴明，頗為敬佩，於是主動進獻家中主傳秘方「三生茶」，而當地的民眾也幫忙從家中拿來擂缽，將三生茶研碎，加入沸水沖泡，以供官兵飲用，疾病迅速的痊癒，而無病的官兵身體更為強壯，不再感染瘟疫。

生薑

◆

薑有佛心，菜中佛士

※ 三生茶

組成：生薑、生茶葉、生粳米各適量。

製服法：將生薑、生茶葉、生粳米用擂缽研碎，沸水沖泡即可食用。

功效：清熱解毒、通經潤肺、解瘴氣疫癘之毒、延年益壽。

生薑救了神農大帝

遠古時代神農氏發明醫藥，過程艱辛「神農嚐百草，一日遇七十二毒」，某日於南山採藥嚐百草，誤食有毒蘑菇，頓時腹痛如絞，呈現半昏迷狀態，時而昏迷，時而甦醒，無意中發覺地上有一種植物葉子尖尖的，在空氣中散發出淡淡又辛涼的味道，聞了之後，頭暈減輕，不再腹痛如絞，胸部也不再劇烈悶脹，似乎可以治病，於是拔了一株，將塊根放在嘴裡嚼，感覺又是辛辣但又清涼，症狀痊癒，感念救命之恩，又不知此草之名，心想它生於姜水，以姜為姓，而此草又救了他的生命，因此命名為「生姜」「生薑」。

養生之道「不撤薑食，不多食」（《論語‧鄉黨》）

春秋時代孔老夫子注重養生，飲食一年四季都不離生薑，《論語‧鄉黨篇》云：「不撤薑食，不多食」。朱熹夫子在其所著之《論語集注》云：「薑，能通神明，去穢惡，故不撤」，但是過量，會引發燥熱，所以也不能過量食用。

薑是還魂草

《白蛇傳》有一段故事，白娘子為了救許仙，盜仙草，所述的仙草並不是現代青草茶所用的唇形科仙草干，而是「生薑芽」，生薑別名「還魂草」，而薑湯因能興奮中樞神經，而達到起死回生的功效，又稱為「還魂湯」。

宋‧蘇軾所著《東坡雜記》，記述杭州錢塘慈淨寺老和尚，八十多歲，顏如童子，健步如飛，問其故？「自言服生薑四十年，故云不老」。

寶壽生薑辣萬年「禪門公案」

宋朝，洞山自寶禪師（別號，寶壽）一生嚴持戒律，在五祖寺戒禪師會下領庫頭的職務，住持戒禪師體質虛寒，必須用生薑，紅糖熬膏服用，以治虛寒，某日命侍者到庫房要生薑及紅糖，寶壽禪師說：「常住公物，不可以私用，大和尚要用，拿錢來買」，侍者只得空手而回，回報戒禪師，於是住持師父自掏腰包購買，並對寶壽禪師十分敬佩，後來洞山寺住持出缺，郡守苦無優秀人選，請教戒禪師，可有人適合擔任，戒禪師因此舉薦，「那一個叫我出錢買生薑的人可以勝任」，因此有了「寶壽生薑辣萬年」千古傳誦的故事。

藥用價值

《本草備要》

性味：辛溫

功用：行陽分而袪寒發表，宣肺氣而解鬱調中，暢胃口而開痰下食。

主治：

(1) 傷寒頭痛、傷寒鼻塞、欬逆嘔噦、胸壅痰膈、寒痛濕瀉。

(2) 消水氣、行血痺、通神明、去穢惡、救暴卒。

(3) 療狐臭，搽凍耳，殺半夏、南星、菌蕈、野禽毒。

(4) 辟霧露、山嵐瘴氣。

副作用：久食兼酒，則患目發痔，瘡癰忌食。

《神農本草經》

※ 生薑

氣味：辛微溫，無毒。

久服：去臭氣，通神明。

※ 乾薑

氣味：辛溫，無毒。

功效：主胸滿，咳逆上氣，溫中，止血，
　　　出汗，逐風濕痺，腸澼下痢。

品質：生者，尤良。

生薑

現代研究

(1) 含薑黃素：有抗癌，抑制細胞突變作用。

(2) 薑含揮發油，主要成份為蒎烯、**薑醇**、月桂烯、薑黃素、薑辣素、薑
　　萜酮、薑烯酮、水芹烯、薑酮、**芳梓醇**、**檸檬醛**等成分。

(3) 有促進微循環，促進腸管蠕動，**幫助消化等**功效。

(4) 單味服用生薑，或過量使用**則會刺激食道**及消化系統，容易咽乾口燥
　　或腸胃不適，因此以調理食**物或配合其它藥**物為宜。

(5) 生薑有抗凝血作用，對胃潰瘍**病人或即將**手術的病人，不可大量食用，
　　如薑母鴨，或麻油雞應避免。

(6) 生薑含有揮發性薑油酮、薑油酚，具有袪寒、活血除濕、健胃止嘔、
　　辟腥臭、消水腫的功效。

(7) 生薑可有效抑制人體對膽固醇的吸收，防止肝臟血清膽固醇的積蓄。

藥膳、茶飲及處方

(1) 山查紅糖飲

組成：山查 30 克、乾薑 15 克、大棗 30 克、紅糖適量。

作法：沸水沖泡飲用。

功效：溫經散寒、疏經活絡，治虛寒性痛經、血瘀體質之黃褐斑，改善肌
　　　膚黯沉及粗糙。

(2) 麻油雞

組成：放山雞 1 隻 (約 600 克)、老薑 30 克、枸杞子 15 克、大棗 15 克，
　　　鹽、米酒、麻油適量。

作法：

　　(a) 放山雞洗淨切塊，老薑洗淨切片，備用。

　　(b) 熱鍋，加入麻油，老薑，爆香至呈淺褐色。

　　(c) 放入雞肉炒至七分熟，加水適量，放入枸杞子，大棗，米酒均勻倒
　　　　入，加蓋煮。

　　(d) 煮開後，轉成文火，續煮一小時，加鹽適量即可食用。

功效：

　　(a) 補益氣血、滋潤五臟、明耳目、填精髓、壯筋骨。

　　(b) 產後滋補，幫助產婦恢復體力。

(3) 黃耆建中茶

組成：黃耆 30 克、桂枝 12 克、酒炒白芍 18 克、炙甘草 12 克、乾薑 9 克、
　　　飴糖 30 克。

作法：將黃耆、白芍、桂枝、炙甘草打成粗末，布包，每包 9 克，沸水沖
　　　泡飲用，沖泡時加入飴糖。

功用：補氣健中、緩急止痛、強壯、補養、解痙、止痛。

主治：虛勞、裏急、諸不足之證、脘腹疼痛、喜溫、喜按、噯氣吞酸、大
　　　便稀溏、臉色蒼白、精神疲倦、四肢乏力、舌淡白、脈弱、脾胃虛
　　　寒之證。

(4) 薑茶飲

組成：生薑 10 克、茶葉 10 克、紅糖適量。

作法：濃煎服。

功用：健脾暖胃、驅風散寒、益氣、活血化瘀。

主治：

(a) 赤白痢、及寒熱瘧，並能消暑、解酒食毒。

(b) 風寒感冒、腸胃虛寒。

(5) 當歸生薑羊肉湯 (《金匱要略》)

組成：生薑 20 克、羊肉 300 克、當歸 30 克、大棗 30 克、鹽適量。

作法：將生薑切片，羊肉汆燙後，加入當歸、大棗，加水適量，文火燉 1
　　　小時，加鹽，即
　　　可食用。

功用：補益氣血、調和
　　　營衛、溫經、散
　　　寒止痛。

主治：婦女產後腹痛痛，
　　　及寒疝腹痛，或
　　　脅痛裏急者。

(6) 牛膝薏仁酒

組成：牛膝、薏苡仁、酸棗仁、赤芍、製附子、炮薑、石斛、柏子仁各
　　　30 克，炙甘草 20 克。作法：將藥材放入瓶中，加白酒 3000c.c.，
　　　浸泡二星期，去渣，裝瓶。

服法：每次溫服 30c.c.。

方義：

(a) 牛膝：補肝腎，壯腰膝。

(b) 薏苡仁：補脾胃，滲濕利水。

(c) 酸棗仁：甘酸而潤，專補肝膽。

(d) 赤芍藥：瀉肝火，活血通經，消腫止痛。

(e) 製附子：溫陽補腎。

(f) 炮薑：助陽補心氣。

(g) 石斛：平胃氣，補虛勞，壯筋骨。

(h) 柏子仁：補心脾，潤肝腎。

(i) 炙甘草：補三焦元氣，散表寒。

功效：去風、除濕、散寒、滋陰助陽、舒筋脈、利關節，治手臂麻木不仁、
　　　腰膝冷痛、筋脈抽搐痙攣。

(7) 四逆湯 (《傷寒論》)

組成：熟附子 5 錢、乾薑 3 錢、炙甘草 4 錢。

製服法：水煎溫服。

功用：回陽救逆、溫中散寒、強心升壓。

主治：

(a) 少陰病，陽氣虛寒，陰寒內盛：見四肢厥逆，惡寒踡臥，神疲欲寐，
　　　下痢清穀，腹中冷痛，口淡不渴，舌淡苔白，脈沉微，及誤汗或大汗
　　　以致末梢循環衰竭等證。

(b) 急性胃腸炎、小兒吐瀉不止、劇烈吐瀉或大汗所致的末梢循環衰竭等。

(8) 生薑足浴方

組成：老薑 30 克、吳茱萸 20 克、米醋適量。

作法：將吳茱萸、老薑加水適量，浸潤後水煎 20 分鐘，去渣，取汁放入
　　　盆中，加米醋適量，適溫時浸泡双足，每次 30 分鐘。

功用：交通心腎、舒壓助眠，治失眠、頭痛。

說明：不寐，失眠屬身心症候，應注意精神方面的調攝，身心寧靜，並適
　　　度的運動，可收到良效。

失眠類型：

(a) 肝膽濕熱：多為持續性失眠，間歇加劇。

(b) 血不養肝：頭痛、失眠，以隱痛為主，綿綿不斷，疲勞則症狀加重，
　　頭痛，按之則舒緩。

(c) 氣滯血瘀：頭痛以刺痛為主，痛有定處，間歇發作，入夜則症狀加劇。

補遺

(1) 薑佐百味

　　薑是中國人烹飪飲食最常使用的食材，故有薑佐百味的說法，薑在中
藥處方也非常重要，方劑中經常可見，例如：四逆湯加點茱萸生薑湯，人
參養榮湯治脾肺氣虛，榮血不足，煎服法則必需加薑、棗煎…等。

　　《本草網目》云：「薑，辛而不葷，去邪避惡，生痰，熟食醋‧醬‧
糟和蜜煎調和，無不宜之，可蔬，可果，可藥，其利博矣」。

(2) 出門帶塊薑，時時保健康

(a) 經驗豐富的青草藥專家上山採藥時都會帶一塊生薑，預防中毒，生
　　薑殺半夏、南星、菌蕈、野禽毒。

(b) 薑母糖：紅糖、老薑熬成，可活血化瘀、祛寒、除濕、防治感冒、緩和經痛。

(c) 預防暈車、暈船：可在出發前口嚼少許生薑，或貼薑片在肚臍上。

(d) 舒緩腰背痛或肩周炎：可使用熱薑湯，加少許鹽、醋，用毛巾熱敷患處。

　　功效：可鬆弛肌肉、疏經活血、緩解疼痛。

(e) 早行，山行宜含一塊生薑，不犯霧露之氣，及山嵐瘴氣。

(3) 薑是老的辣

　　《農桑通訣》王禎云：「秋社前，新芽漸長，分采之，即紫薑，芽色為紫故名，最宜糟食，亦可代蔬」。「白露後，則帶絲，漸老為老薑，味極辛，可以和烹飪，薑越老而越辣者也，曝曬後為乾薑，醫生資之」。

Memo

❈

生薑

◆

薑有佛心，菜中佛士

白花蛇舌草

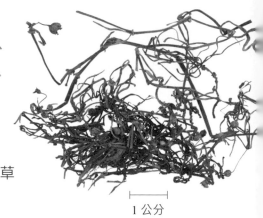

1 公分

學名：*Hedyotis diffusa* Willd.

來源：茜草科植物白花蛇舌草的帶根全草

別名：蛇利草、竹葉菜、二葉葎。

> 白花蛇舌草纖纖，伏地盤桓農舍邊。
> 自古好心多善報，靈蛇感德藥流傳。

　　從前，有一位醫師診治一位重病患者，病人胸背悶痛，低熱羈纏，咯吐膿痰，群醫束手，醫師診病尋方，皆無起色，一時疲憊伏案睡著，夢見一位白衣女子飄然出現眼前，曰：「此君乃大善人，樂善懷仁，惠及群生，平日但見有人捕蛇，即買下放生山林，先生務必費心診治，救他性命。」醫師請教可有良方？白衣女子引導醫師到戶外，卻見女子所站之處有一條白花蛇，旁邊有一叢叢的小草，長得很像白花蛇的舌頭，忽然間患者的家人來請用飯，醫師從夢中醒來，告訴患者家人：「請隨我到屋外採藥，但見埂坎長滿夢中所見開著小白花的藥草，於是採集之後囑咐煎服，病人服用後便覺胸寬，不久痊癒。醫師遍查歷代的本草，不知其名，感其良效及事蹟，吟詩曰：「白花蛇舌草纖纖，伏地盤桓農舍邊，自古好心多善報，靈蛇感德藥流傳。」

藥用價值

性味：苦甘寒。

歸經：入心、肝、脾三經。

功能：清熱利濕、解毒、散瘀止痛。

主治：咽喉腫痛、癰腫瘡毒、腸癰腹痛、熱淋澀痛、肺熱喘咳、扁桃腺炎、
　　　闌尾炎、痢疾、黃疸、盆腔炎、附件炎（指輸卵管和卵巢的炎症）、
　　　毒蛇咬傷。

(1)《泉州本草》「清熱散瘀、消癰解毒，治癰疽瘡瘍、瘰癧，又能清肺火、
　　瀉肺熱，治肺熱喘促、咳逆胸悶。」

(2)《廣西中藥誌》「治小兒疳積、毒蛇咬傷，癌腫，外治白泡瘡、蛇癩瘡。」

經驗良方

(1) **治急性闌尾炎**：白花蛇舌草 2 兩，羊蹄草 1 兩，雙面刺 3 錢水煎服。(《廣
　　東中草藥處方選編》)

(2) **治黃疸**：白花蛇舌草 2 兩，水煎，蜂蜜和服。

(3) **毒蛇咬傷**：新鮮白花蛇舌草 2 兩，水煎服。

(4) **治鼻咽癌**：丹梔逍遙散加減 (《腫瘤臨症備要》)

組成：牡丹皮 30 克、黑梔子 10 克、柴胡 6 克、赤芍 15 克、龍膽草 10 克、
　　　夏枯草 20 克、丹參 30 克、白茅根 30 克、仙鶴草 30 克、鬱金 10 克、
　　　蒼耳子 10 克、白花蛇舌草 30 克

症狀：證見鼻涕帶血、耳內脹悶、頭痛眩暈、煩躁、胸脇脹痛、大便秘結、
　　　舌質黑膏或有紫斑、苔黃或白、脈弦或澀、鼻咽黏膜充血、腫瘤表
　　　面粗糙或潰爛、觸之易出血。

(5) **抗癌清血湯**

組成：廣豆根 (山豆根)30 克、青蒿 30 克、黃藥子 20 克、夏枯草 30 克、
　　　鱉甲 30 克、天門冬 20 克、半枝蓮 30 克、大黃 30 克、白花蛇舌草
　　　30 克、元參 20 克。

功效：清熱解毒、散結抗癌。

主治：白血病、惡性淋巴瘤、網組織細胞肉瘤、肝癌等。

製服法：水煎溫服，每日一劑。

方義：

a. 山豆根：性味苦寒，入肺、胃經，清熱解毒、散腫止痛、利咽喉、抗癌。

　　(a) 動物實驗證明：廣豆根對癌症有類似免疫性作用，水煎劑對子宮頸癌有顯著抑制作用，對肉瘤及腹水型肝癌治療及免疫學觀察，治癒率達 60% 以上，有延長生命及抑制腫瘤效果。

　　(b) 對於白血病有抑制作用，對網狀內皮系統功能有興奮作用。

b. 青蒿：涼血、解暑、截瘧、抗癌

c. 黃藥子：解毒散結、抗癌

d. 鱉甲、夏枯草：清熱解毒、軟堅散結

e. 大黃：清熱涼血、化瘀攻積

f. 半枝蓮、天門冬：養陰清熱、化瘀清熱

g. 白花蛇舌草：清熱解毒、抗癌，加強本方君臣藥物作用。

h. 元參：清熱、養陰、解毒

歌訣：抗癌蛇草豆黃藥，天冬鱉甲半枝蒿

　　　大黃玄參夏枯草，造血腫瘤快醫好

藥理研究

(1) **抗腫瘤作用**：對急性淋巴細胞型、粒細胞型、單核細胞型、慢性粒細胞型的腫瘤細胞，有很強的抑制作用。

(2) **抗菌、抗炎作用**：水煎液對金黃色葡萄球菌、痢疾桿菌有抑制作用，能增強網狀內皮系統，及白細胞的吞噬功能，其抗炎作用，主要是刺激網狀內皮系統增生及增強吞噬細胞活力等因素所致。

(3) **其他**：白花蛇舌草也被證實能增強機體免疫力，抑制腫瘤細胞生長，對金黃色葡萄球菌、肺炎鏈球菌、綠膿桿菌等致病菌，均有顯著抑制作用。

Memo

❀

白花蛇舌草

◆

自古好心多善報，靈蛇感德藥流傳

51

石斛

學名：*Dendrobium nobile* Lindl.(金釵石斛)

來源：蘭科多年生常綠草本植物石斛的莖

別名：林蘭、金釵花、千年潤、吊蘭花、黃草、石斛蘭。

編語：石斛藥材來源植物尚有石斛屬 (*Dendrobium*) 多種植物，包括：環草石斛 *D. loddigesii* Rolfe、鐵皮石斛 *D. candidum* Wall. ex Lindl.、黃草石斛 *D. chrysanthum* Wall. ex Lindl.、馬鞭石斛 *D. fimbriatum* Hook. var. *oculatum* Hook. 等。

採集：

(1) 多於夏、秋採收曬乾，切段。

(2) 鮮石斛：栽培於砂石內，以備隨時取用。

藥用價值

《本草備要》

性味：甘淡入脾，除虛熱。
　　　鹹平入腎，濇元氣。

功能：益精強陰、暖水臟、
　　　平胃氣、補虛勞、壯
　　　筋骨。

主治：療風痺腳弱、發熱自汗、夢遺滑
　　　精、囊澀餘瀝。

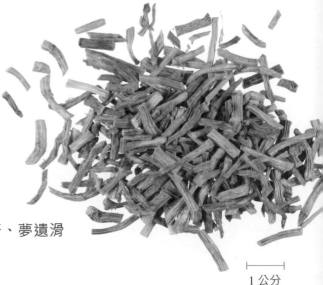

1 公分

※ 霍山石斛 (養胃清熱)

性味：甘平。

功能：解署養胃、生津止渴、清虛熱，功過金釵石斛。

產地：出「霍山」，細小而黃，形曲不直。

《神農本草經》(上品)

性味：甘平。

功能：

(1) 主傷中，除痺下氣，補五臟虛勞羸弱，強陰，益精。久服厚腸胃。(《本草綱目拾遺》)

(2) 清胃，除虛熱，生津，己勞損。以茶代之，開胃健脾。(《藥品化義》)

(3) 石斛輕清，合肺之性；性涼而清，得肺之宜，肺為嬌臟，此最為相配。

主治：肺氣久虛、咳嗽不止、邪熱痱子、肌表虛熱。

臨床應用：

(1) 石斛甘淡入肺，胃、腎經。有益胃生津、養陰清熱之功。

(2) 凡熱病後期：見津液缺乏、口乾舌燥、煩躁、低熱不退、餘熱未清、食慾不振、胃痛乾嘔、自汗盜汗、頭暈目眩、舌乾而紅或光剝無苔 (補中有清，清中有補)。

※ 製服法

鮮石斛：長於清熱生津，用於熱病傷津、口乾舌燥之症。

乾石斛：長於補虛養陰，用於津液不足、口乾舌燥之症。

用量：煎劑 6 ～ 15 克 (鮮品加倍)

用法：宜久煎，或熬膏或入丸、散。

藥理研究

(1) 石斛莖中主要含有多種生物鹼：石斛鹼、石斛氨、石斛次鹼等，尚含有多醣、氨基酸、黏液質等。

(2) 含多量黏液質增強免疫功能，抑制脂質過氧化，抑制醛糖還原酶，升高血糖等作用。

(3) 煎劑：能促進唾液及胃液分泌而助消化腸胃蠕動。

(4) 石斛鹼：能增強白血球功能，具有解熱止痛作用，對於陰虛發熱、胃脘隱痛、口乾喜飲、食慾不振有良好的效果。

(5) 有對半乳糖性白內障預防及治療功效：研究發現對半乳糖性白內障不僅有延緩作用，其保持透明晶狀體的百分率達 36.8%。

(6) 對金黃色葡萄球菌有抑制作用，可應用於急性膽囊炎所致的高熱。

(7) 有抗癌作用：對肝癌、艾氏腹水癌等癌症細胞的活性有抑制作用。

(8) 能改善甲狀腺機能亢進的虛弱症狀。

(9) 明目益精：對肝腎陰虛所致的目疾，例如視物模糊、眼目乾澀有良效 (石斛夜光丸、石斛明目丸)

(10) 能抗拮阿托品對家兔唾液分泌的抑制作用：具有生津的功效。

藥膳食療方

(1) 石斛養生粥

材料：石斛、粳米、水、冰糖。

作法：取鮮石斛 30 克、水 300ml，久煎取汁約 100ml。水 400ml、粳米 50 克，冰糖適量，同入沙鍋褒煮至米開粥稠，停火。

功能：養胃生津、滋陰清熱。

主治：熱病傷津、心煩口渴、虛熱不退、胃虛飲痛、乾嘔、舌光剝、苔少等症。

(2) 石斛養生雞湯

材料：當歸 3 錢、粉光參 3 錢、川芎 3 錢、黃耆 5 錢、枸杞 5 錢、天麻 3 錢、石斛 3 錢、大棗 1 兩、桂子 3 錢、童子雞 1 隻。

作法：

(a) 童子雞洗淨，加入藥材，米酒、清水各 3 碗。

(b) 隔水燉 1 小時。

功能：滋陰益胃、強壯益精、生津除煩、抗癌。

主治：虛勞精虧、腰膝痠軟、眩暈耳鳴、內熱消渴、視力減退、糖尿病之內熱消渴、腫瘤病人化放療之體虛。

說明：

(a) 石斛：滋陰益胃、強壯益精、生津止渴。

(b) 粉光參：補肺降火、生津液，虛而有火者相宜。

(c) 大棗：補中益氣、健胃養肺、緩和強壯、生津益血。

(d) 天麻：祛風定驚、通血脈、強筋骨。

(e) 川芎：活血行氣、通經絡。

(f) 黃耆：補氣固表、強心強壯、減糖降壓。

(g) 桂子：溫中散寒、芳香益胃。

石斛 ◆ 補五臟虛勞羸弱，開胃健脾

石榴皮

學名：*Punica granatum* L.

來源：安石榴科小喬木安石榴的果皮

別名：塗林。

『火樹風來翻絳焰，瓊枝日出曬紅紗』（唐・白居易）

『五月榴花照明眼，枝間時見子初起』（宋・朱熹）

多子多孫、多福氣

(1) 石榴據說是漢朝 - 張騫出使西域時帶回中原，當時稱為「塗林」。

(2) 石榴球狀的果實，很像紅色的臉龐，長著點點的黑斑；成熟時，會自動裂開，像個快樂小孩，開口大笑，口中含著一顆顆數不清的紅籽，味道酸酸甜甜，令人垂涎欲滴。

(3) 多籽：符合中國人多子多孫多福氣的願望，自古以來，皆為人們喜歡的吉祥庭園花卉。

石榴花神「鍾馗」

(1) 農曆五月石榴花盛開，動、植物都欣欣向榮，展現旺盛的生命力。連人們所害怕的五毒「蜈蚣、蠍子、蟾蜍、毒蛇、壁虎」及傳播瘟疫的惡鬼，都在這個時節出現。

(2) 端午節，家家戶戶忙著綁粽子，在門口插蒲劍、艾草、榕枝、賽龍舟，掛鍾馗像，斬妖除邪，消除瘟疫。

《唐・逸史》及《歲物紀元・歲時風俗部》記載

唐玄宗久病不癒，某日白晝作夢，看見小鬼偷竊楊貴妃的錦繡香囊及玄宗喜愛的玉笛，並繞著殿堂奔跑，玄宗問：「所為何來？」小鬼說：「我

叫虛耗，虛：就是偷走你的財富，耗：就是把
喜事變喪事。」

　　此時，出現一位頂著破帽，身穿藍袍，束
著角帶的虬髯客，把小鬼捉起來，刳掉眼睛，
劈開身體吃下肢。玄宗問：「您是誰？」對曰：
「臣是終南山進士，只因長得醜，應試不捷，
觸殿階而亡，蒙皇上賜綠袍埋葬，因此誓言要
除盡天下虛耗、妖孽，以報皇恩。」

　　玄宗醒來，汗流浹背，頓時神清氣爽，疾
病不藥而癒，立即召吳道子畫鍾馗像，懸於宮
中，賜吳道子百金，並封鍾馗為鎮宅賜福真君。

石榴皮
◆
火樹風來翻絳焰，瓊枝日出曬紅紗

藥用價值

《本草備要》

性味：酸澀而溫

功用：

(1) 能澀腸，止瀉痢下血，崩
　　帶脫肛。

(2) 浸水汁黑如墨，烏鬚方。
　　綠雲油中使用。

1 公分

應用：

(1) 瀉痢至脫肛者：以石榴皮、
　　陳壁土加明礬少許，濃煎熏洗，再加五倍子敷托而止。

(2)《客座新聞》云：一人患腹脹，夏成診之曰：「飲食如常，非水腫蠱脹，
　　乃濕熱生蟲之象也。」以石榴、椿樹東引根皮、檳榔各 5 錢空心服，
　　腹大痛，瀉蟲丈餘長，逐癒。

禁忌：勿犯鐵器。

※ 現代醫學

功能：澀腸止瀉、止血、止帶、驅蟲、止痛。

主治：泄瀉、痢疾、腸風下血、崩漏不止、妊娠胎漏、濕熱帶下、子宮頸炎、蟲積腹痛、癰瘡腫毒、疥癬、潰瘍不斂。

藥理研究

(1) **收斂作用**：石榴皮含多量鞣質與黏膜組織或創面接觸後，能沉澱或凝固局部的蛋白質，在表面形成緻密的保護層，加速創面癒合或保護創面免受刺激。

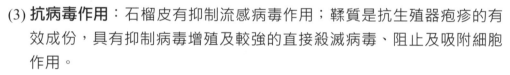

(2) **抗菌**：對傷寒捍菌、大腸桿菌、綠膿桿菌、結核桿菌及多種皮膚癬菌，均有抑制作用(鞣質作用有關)。

(3) **抗病毒作用**：石榴皮有抑制流感病毒作用；鞣質是抗生殖器疱疹的有效成份，具有抑制病毒增殖及較強的直接殺滅病毒、阻止及吸附細胞作用。

(4) **驅蟲作用**：煎劑有驅蟲作用，其機理係作用於寄生蟲的肌肉組織，使其持續收縮。

(5) **紅石榴富含礦物質，並具有兩大抗氧化成分**：紅石榴多酚、花青素。尚含有亞麻油酸、維他命 C、B_6、E，葉酸。紅石榴所含的鈣、鋅、鎂等礦物質，能迅速補充肌膚所流失的水分，使肌膚更為明亮、柔潤。對飲酒過量者：解酒有奇效。石榴皮有明顯抑菌和收斂功效，能使腸黏膜分泌物減少，有效治療腹瀉、痢疾，對痢疾桿菌、大腸桿菌有良好抑制作用。石榴汁含多種胺基酸和微量元素，有助消化、抗胃潰瘍、柔軟血管、降血脂、降血糖等多種功效。可預防冠心病、高血壓；健胃提神、促進食慾等功效。

石榴皮應用於髮際瘡等皮膚病

(1) 本病發生於項部、枕頭的硬結性斑塊，起因於慢性毛囊炎引起的疤痕疙瘩性疾病，尤其多見於脂溢性皮炎及痤瘡患者。

(2) 西醫學：稱本病為「枕骨下硬結性毛囊炎」

　　本病發於項後髮際下枕骨處，硬結成塊，膿出不泄，形如「肉龜」病程緩慢，數年不癒，中醫學稱為「髮際瘡」，俗稱「毛虎」、「肉龜」。

(3)《醫宗金鑑》云：「髮際瘡生髮際邊，形如黍豆癢疼堅，頂白肉赤初易治，胖人肌厚最纏綿」。

(4) 初起：為針頭至粟米大小毛囊性丘疹或膿疤，逐漸發展成硬結，融合成片，形成硬結性斑塊，呈橢圓形、圓形或不規則形，大小不一。

　　日久不癒：則形成瘢痕疙瘩增殖，表面光滑，有時有幾根毛髮束狀穿出，擠壓可有少許膿水滲出；有些病人可有較大皮下膿腫。

(5) 自覺輕微搔癢及疼痛，病程發展緩慢、數年不癒。

(6) 治療原則：和營活血、清熱、利濕、抗菌。

(7) 石榴皮特效方：

組成：石榴皮 30 克、蛇床子 30 克、蒲公英 30 克、積雪草 30 克、扁柏 30 克。

製法：75% 酒精 1000c.c.，浸泡七天，去渣取汁。每日 2 ～ 3 次，噴患處。

功效：清熱解毒、燥濕斂瘡。

適用：白瘢風、髮際瘡、脂溢性皮炎及各種毛囊癬菌。

經驗良方

腸滑久痢：酸石榴，燒存性研末服用。

腸風下血：酸石榴，燒存性研末加紅糖，開水服用；亦治赤白痢、鼻血。

驅蛔蟲：石榴皮 30 克、檳榔 12 克，水煎，早晨空腹一次服完，一小時後再服大黃 6 克。

牛皮癬：鮮石榴皮，沾明礬末塗患處，一日三次。

鼻衄、中耳炎：石榴花研末塗鼻孔，一日數次，治鼻衄；中耳炎加冰片少許吹耳內。

治疔腫惡毒：以針刺四畔，榴皮著瘡上，以周圍四畔炙之，以痛為度，仍用榴末敷上，急裹，經宿，連根自出也。(《肘後方》)

治腳肚生瘡：初起如粟，搔之漸開，黃水浸淫，癢痛潰爛，逐致繞脛而成痼疾：酸榴皮煎湯冷定，日日掃之，取癒乃止。(《醫學正宗》)

補遺

　　《大悲心陀羅尼經》：「若家內橫起災難，取石榴枝，寸截一千八段，兩頭塗酥酪蜜，一咒一燒，盡千八遍，一切災難，悉皆除滅，要在佛前作之。」

　　《蒙山施食儀軌》：「…誦偈前，應想一切鬼神平等受食，即生淨土，是時行者，持水持食，置出生台上，無台，即置淨地或淨石上，不得置於有石榴、桃樹處，令鬼神懼怕不得受食。」

Memo

石榴皮

◆

火樹風來翻絳焰，瓊枝日出曬紅紗

地湧金蓮

學名：*Musella lasiocarpa* (Fr.) C. Y. Wu ex H. W. Li.
來源：芭蕉科植物地湧金蓮的花
別名：千瓣蓮花、寶蘭花、地金蓮、不倒金剛。

> 佛教有奇葩，高不盈數尺
> 碧葉如芭蕉，假莖生蓮華
> 一花一世界，一葉一如來

地湧金蓮為雲南特有植物，為佛教寺院必須種植的「五樹六花」之一，在傣族文學裡象徵著「善良、懲惡」，所以也稱「不倒金剛」。

地湧金蓮花，給人莊嚴而神秘感，黃金般的色澤，有如佛國淨土，七寶池中的寶蓮華，寧靜、安祥、自在。 當花朵綻放時，金黃色苞片會持續不斷的生長，新生，茁壯，綻放，枯萎，在同一株植物不斷的輪迴，也象徵著佛教的生命觀，成、住、壞、空。

地湧金蓮的花期頗長，約有210天，花朵包藏在苞片內，苞片展開時，花朵才展現出來，開花時，花從地面湧出，猶如眾星拱月，層層疊疊，金光燦爛，花型碩大優美，雍容而華貴，金黃色苞片下藏著一排一排的小花，才是真正的花朵。

一步一蓮華

相傳佛陀(釋迦牟尼佛)的母親摩耶夫人懷有身孕，於回娘家待產途中在藍毗尼園休息時，在無憂樹下降誕佛陀，百鳥集鳴，天樂鳴空，四季花木一同盛開，佛陀一出世即會走路，一步一蓮華，地上即時湧出金閃閃的蓮華，大如車輪，即「地湧金蓮華」。

佛陀講經說法時，說到微妙處，天人及護法菩薩讚嘆佛陀，於是天樂鳴空，雨天蔓陀羅花供佛，地上亦湧出金色千瓣蓮華。

蓮華在佛教有著清靜、祥和、智慧、解脫煩惱等功德的象徵，在南傳佛教國家的寺院建築及雕刻工藝也以地湧金蓮為主要的設計元素。

佛教記載的地湧金蓮

《大佛頂首楞嚴經》：爾時世尊，從肉髻中，湧百寶光，光中湧出千葉寶蓮，有化如來，坐寶花中，頂放十道，百寶光明，一一光明，皆徧示現，十恆河沙……

《大智度論》云：「人中蓮花大不過尺，漫陀耆尼池及阿那婆達多池中，蓮花大如車輪，天上寶花復大於此，是則可供結珈趺坐，佛所坐蓮法，復勝於百千萬倍，又如此蓮花臺，嚴淨香妙可坐。」

藥用價值

《滇南本草》

性味：性寒，味苦澀。

功能：收斂、止血。

主治：治婦人白帶、紅崩日久、大腸下血，又血症日久欲脫，用之，亦可固脫。

莖汁：用於解酒毒及草烏中毒。

栽培：喜溫暖、濕潤、光照充足及涼爽環境。忌暑熱、耐寒、喜肥沃疏鬆的沙質土壤。

採集：花於夏季採收、曬乾備用。

百部

學名：*Stemona tuberosa* Lour.(對葉百部)

來源：百部科植物直立百部 *Stemona sessilifolia* (Miq.) Miq.、蔓生百部 *Stemona japonica* (Bl.) Miq. 或對葉百部 *Stemona tuberosa* Lour. 之乾燥塊根

別名：百條根、藥虱草、野天門冬、百奶、嗽藥。

對葉百部

直立百部

　　百部生長在低中海拔的森林內，為多年生攀緣性藤本植物，長達五公尺以上，葉子有點像茖葉仔，根部肥大，很像天門冬，是自古以來治療肺結核的特效藥，也是很好吃的藥膳。

藥用價值

《本草備要》

性味：甘苦，微溫。

功能：潤肺

主治：肺熱咳嗽、骨蒸傳尸、疳積疥癬。有小毒，殺蚘、蟯、蠅、蝨，一
　　　切樹木蛀蟲。

時珍曰：百部亦天冬之類，故皆能治肺而殺蟲。

但天冬：寒、熱嗽宜之。百部：溫、寒嗽宜之。

※ 現代醫學

　　百部能潤肺止咳、殺蟲止癢，治風寒咳嗽、百日咳、肺結核、慢性氣
管炎、阿米巴痢疾，蛔蟲、鉤蟲、蟯蟲病，疥癬、濕疹、蕁麻疹等。

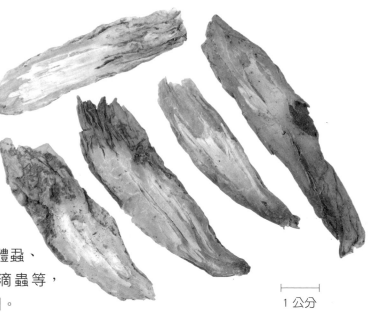

1 公分

藥理研究

(1) **抗菌作用**：煎劑
　　對肺炎球菌、腦
　　膜炎球菌、溶血
　　型鏈球菌、金黃色
　　葡萄球菌、肺結核
　　桿菌等，均有抑菌
　　作用。

(2) **殺蟲作用**：對頭蝨、體蝨、
　　蠅蛆、臭蟲、陰道滴蟲等，
　　均有殺滅或抑制作用。

(3) **鎮咳、祛痰作用**：能降低呼吸中樞的興奮性，抑制咳嗽反射，而有鎮
　　咳作用。

　　百部能消除寵物身上的蝨子、跳蚤、牛蜱

　　百部自古以來就是著名的除蝨驅蟲藥，對人畜無害，比起寵物店販賣
的除蝨劑高明多了。

(4) **阿貓阿狗除蝨劑**

組成：百部、苦參、蛇床子，以 10 ～ 15% 酒精浸泡一星期即可。

用法：直接噴在寵物身上或窩窩、墊子，也可用於居家環境消毒。

(5) 阿貓阿狗藥草浴

組成：百部、苦參、蛇床子。

製法：將上述藥物浸潤後，加水適量煮 30 分鐘，去渣、留汁，作為寵物藥浴。亦可用於治療人類疥癬、濕疹、蕁麻疹。

功效：祛濕殺蟲、疏風止癢。

藥膳食療方

百部木瓜燉冰糖 (養生甜點)

組成：百部 20 克、木瓜 250 克、四製陳皮 6 克、杏仁 20 克、冰糖 10 克。

作法：木瓜八分熟，外皮呈金黃色，一個削皮切塊。百部、杏仁、陳皮浸潤果汁機打爛。將食材與藥材加入冰糖，放入燉鍋上蓋，隔水燉 1 小時即可食用。

功能：養顏潤肺、止咳化痰、助消化。

適用：肺結核病、胸膜炎、咳嗽、口乾舌燥、煩躁、咯血。

說明：

(a) 百部：潤肺止咳、抗肺結核。

(b) 木瓜：性味甘平、滋養助消化。

(c) 杏仁：潤肺化痰、潤腸通便。

淺談肺癌 (原發性支氣管肺癌)

屬中醫學「肺癰」、「息賁」、「肺積」的範疇。

※ 病因

病因複雜，尚未完全瞭解，誘發本病的一般看法，認為與空氣汙染、吸菸、工作環境汙染 (如長期接觸砷、鉻、石棉、放射性物質等) 有關。

也和某些慢性肺臟疾病 (如肺結核、慢性支氣管炎等) 有關。

中醫學：本病主要由正氣虛損，風、暑、濕、燥、寒、火六淫之邪乘虛入侵，導致肺氣鬱滯，失其清肅，痰凝氣滯阻絡，津液失其濡布，內聚為痰，日久成為本病。

※ 症狀及體徵

(1) 咳嗽：

(a) 起病緩慢，常以陣發性、刺激性乾咳為早期症狀。

(b) 合併感染後，轉為膿痰。

(c) 支氣管為腫瘤阻塞時：咯痰減少。

(2) 胸痛：癌腫刺激胸膜，侵犯肋骨、脊柱，並壓迫神經時，可產生持續、尖銳、固定而劇烈的胸痛，與呼吸、咳嗽無密切關連。

(3) 胸悶、氣急：腫瘤堵塞支氣管，或有大量胸水時，可產生胸悶、氣急、喘鳴，嚴重時呼吸困難，發生紫紺。

(4) 咯血：常為持續痰中帶血，癌腫侵蝕血管時，可引起大量咯血。

(5) 發熱：早期很少發熱，常在合併感染後，或癌腫晚期，組織壞死時，出現高熱不退。

(6) 消瘦及惡液質：癌腫晚期，由於營養不良，加上食慾不佳及腫瘤毒素等，導致體質衰弱頹痿，臉色蒼白，表現為極度消瘦、虛弱。

※ 早期症狀

(1) 咳嗽：

(a) 原因不明的刺激性乾咳：一般治療無效者。

(b) 有長期慢性呼吸道疾病,咳嗽症狀突然改變者。

(2) 疼痛:原因不明的持續性胸痛、肋痛或腰背痛。

(3) 咯血:無慢性呼吸道病史,突然出現持續性咳嗽,痰中帶血者。

(4) 反覆出現肺炎。

(5) 原因不明的肺膿瘍。

(6) 其它:原因不明的四肢關節痛、杵狀指,勢音嘶啞,上肢靜脈症侯群。

※ 百部抗癌湯

組成:百部 30 克、敗醬草 15 克、黃耆 15 克、黨參 15 克、當歸 12 克、
　　　茜草 12 克、冬瓜子 30 克、赤小豆 30 克、白及 15 克、山慈菇 15 克、
　　　阿膠 15 克 (烊化兌服)。

製服法:水煎,分 3 次空腹服。

功能:補養氣血、解毒抗癌、扶正祛邪。

主治:肺癌,見形體消瘦、臉色萎黃、胸悶胸痛、咳嗽、咳血、食慾不佳、
　　　舌淡苔黃、脈沉細者。

加減:

(1) 胸背痛者:加鬱金、三稜、莪朮、川芎、元胡。

(2) 咯血者:加仙鶴草。

方義:本方治肺癌 (轉移),證屬氣血兩虧,熱毒熾盛。

(1) 黨參、黃耆:補中益氣,托毒排膿。

(2) 百部、敗醬草:潤肺、抗癌、清熱解毒、活血散結。

(3) 當歸:補血止痛。

(4) 冬瓜子:益氣除煩。

(5) 白及:補肺收斂。

(6) 阿膠:清肺養肝、和血滋陰。

(7) 茜草:涼血、止血、抗癌。

(8) 赤小豆:清熱利濕。

(9) 山慈菇:破積軟堅、解毒抗癌。

Memo

百部

◆

亦天冬之類，能治肺而殺蟲

艾納香

學名：*Blumea balsamifera* (L.) DC.
來源：菊科植物艾納香的嫩枝及葉
別名：大風草、藥劫布羅。

令人心涼脾土開的艾納香

　　艾納香，老一輩的人習慣稱它叫「大風草」。在田野間經常可以見到它的蹤跡，葉子翠綠而略帶黃白色，當微風吹拂時，空氣中飄逸出淡雅而沁入心脾的清涼香味，令人心曠神怡，心涼脾土開。

充滿愛與關懷的香草藥浴

　　客家習俗喜歡採艾納香的嫩枝與葉煎煮藥草浴，他們相信艾納香能幫助氣血循環，預防"頭風、月內風、腰接骨軟瘓風"，即偏頭痛、筋骨酸痛、腰痛。每當兒媳分娩坐月子期間，都會熬煮艾納香藥浴，讓女兒沐浴淨身；赤褐色的汁液，溫潤肌膚，充滿著長輩們的愛與祝福。

藥用價值

《本草綱目》

性味：甘溫，平，無毒。

功效：主惡氣、殺蟲，主腹冷洩、傷寒五洩、心腹注氣，止腸鳴，下寸白，辟瘟疫。合蜂巢：浴腳氣良，治癬、辟蛇。

※『龍腦香』，即艾片，用艾納香蒸餾而成。

功效：通竅、去惡氣、辟疫、除風痰、袪翳明目，治腹絞痛、霍亂腹痛、

風痰閉竅。

※ 現代醫學

功能：溫中活血、祛風除濕、殺蟲。

主治：寒濕瀉痢、腹痛腸鳴、腫脹、筋骨疼痛、跌打損傷、瘡癬。

藥理：降血壓、擴張血管、抑制交感神經。可應用於亢奮、失眠、高血壓
患者。

經驗良方

治腫脹、風濕關節痛：艾納香、石菖蒲、落得打，水煎浸浴。

膏肓痛 (肌筋膜炎)：楊柳枝、龍眼葉、艾納香、香茅，水煎薰洗患部，
或打成粗末，紗布包加入有機醋適量，熱敷患部，每次 30 分鐘，每天 2 ～
3 次。

失眠、高血壓、皮膚搔癢：艾納香、豨薟草、艾草，煎湯浴腳。

宗教民俗

(1) 艾納香在佛教『大悲心陀羅尼經』有另外一個名稱：「藥劫布羅」。

(2) 有吉祥納福，防止沖煞的功用 (保健兼捉餒)。佛經上記載，如果被
蠱毒所害，取藥劫布羅煎湯，在大悲觀世音菩薩像前，持誦大悲咒
一百八遍，即能消災免難。

藥膳食療方

(1) 艾納香火鍋

作法：在火鍋的食材中，加入一小撮艾納香嫩葉 (布包)，待香味濃郁時
取出艾納香，即可食用。

(2) 艾納香果凍

材料：艾納香、珊瑚草 (粉)、龍眼乾、紅棗、枸杞子。

作法：將適量艾納香煎湯去渣備用，加入珊瑚草粉及其它食材置於杯子，
　　　待凝固後即可；食用時，淋上鮮奶或煉奶，口感更佳。

Memo

❋

艾草

學名：*Artemisia argyi* Levl. et Vant.

來源：菊科植物家艾的葉 (稱艾葉)，或採全草使
用 (臺灣民間)

別名：五月艾、蘄艾、祁艾。

《本草綱目》李時珍曰：王安石《字說》云：「艾可乂疾，久而彌善，故字從乂。」艾草功效的記載，最早在魏、晉時期名醫陶弘景所著《名醫別錄》，醫家用以灸治百疾，故曰「灸草」。

艾草生長在半乾燥的溫暖地區，喜歡陽光，屬全日照的草本植物，從古至今都被視為重要的養生保健藥用植物，在宗教民俗方面被廣泛的應用在辟邪及吉祥解穢作用。

(註解) 乂 (ㄞˋ)：治理安定，太平無事之意。

艾的神奇功用

(1) 在中國元朝、帖木兒南征 (西元 1260 冬天) 在楊州城，突然罹患重病，手腳冰冷，四肢無力，消化不良，臥病不起，群醫束手無策，隨行的文官羅謙甫是金元四大家名醫李東垣的得意弟子，奉令為元帥診療，認為是「疲勞症候群」，即長期征伐，飲食不正常，積勞成疾，導致體虛寒濕，使用艾絨溫灸關元穴及足三里穴，隨即痊癒。《本草綱目》云：「艾，溫中、逐冷、除濕」。

(2) 古希臘文獻記載：艾草具有驅除體寄生蟲，以嫩葉塞住鼻子，可治療流鼻血。

宗教民俗

(1) 在基督文化之前，西方人認為艾草是「九種聖草」之首，有保護符咒的神聖作用，也是「藥用植物之母」被廣泛應用於疾病的治療及保健。

(2) 台灣諺語：「插榕卡勇龍，插艾卡勇健」。民眾習慣在自家門上懸掛艾草、榕枝、菖蒲等植物，具有淨化空氣，招財納神、辟穢等功效。

(3) 大陸許多地區民眾，喜歡將艾草、菖蒲、榕枝、石榴枝、楊柳等植物懸掛門上，民俗學家稱為「天中五瑞」。

艾草 ◆ 艾可乂疾，久而彌善

艾葉藥用價值

性味：苦辛、生溫熟熱，純陽之性。

功能：能回垂絕之元陽，通十二經，走三陰 (太、少、厥)「肝、脾、腎」。理氣血、逐寒濕、暖子宮、溫中開鬱、調經安胎、止諸血。

主治：

(1) 吐衄崩帶 (治帶要藥)、腹痛冷痢、霍亂轉筋。(皆理氣逐寒濕之效)

(2) 殺蛇治癬。以之灸火，能透諸經而治百病。

禁忌：陰虛血熱者忌用。

品質：以葉厚、色青，背面灰白色，絨毛多，香氣濃郁者佳。

保健、香氛作用

(1) 容易失眠、頭痛、肩頸痛：將艾草曬乾，做成枕頭或護頸，能幫助睡眠、舒壓、活絡氣血。

(2) 天然無毒的蚊香，對抗小黑蚊很有效：夏天的蚊蠅很惱人，可將艾草紮成束曬乾、點燃煙熏，淡淡的艾草香味，心情舒爽沉靜，驅除蚊蠅、淨化空氣，十分有效。

1 公分

(3) 香氛艾草浴：韓劇《大長今》曾介紹艾草藥浴，對皮膚美白的功效，而艾草含豐富的桉油醇，對皮膚搔癢的人也很有幫助。

(4) 艾絨煎藥浴方

組成：艾絨 30 克、川椒 6 克、鳳仙花 30 克。

用法：水煎藥浴。

功能：疏經活血、理氣止痛。

主治：腰肌勞損、腰痠背痛、筋骨酸痛。

食療養生

(1) **艾草麻糬**：《名醫別錄》云：「艾草生田野，三月三日採收」，春天的艾草生氣蓬勃、品質極佳，日本人有三月三日吃艾草麻糬的習俗。

(2) **艾草味噌湯**：將新鮮的艾草嫩葉汆燙後，切碎加入味噌湯，別有一番風味，日本人就喜歡這一味。

(3) **其他**：艾草炒蛋、艾草飯、艾草紅棗湯…等，都是良好的保健食品。

| 應用 |

(1) 艾草止血作用：能抗纖維蛋白溶解作用，並能降低毛細血管通透性而止血。

(2) 淨化空氣：具有抗菌作用，可和其它中草藥配合做成熏香，可用於室內消毒及驅除蚊蠅。

(3) 艾草水煎劑對肺結核桿菌、肺炎鏈球菌、傷寒桿菌等多種病菌，都有抑制作用。

(4) 艾草可預防心血管梗塞：艾葉具有抗血小板聚集作用，長期服用可預防腦梗塞、心肌梗塞等心血管疾病。

(5) 艾葉：水煎液可驅除飛蛾，將艾草種植於菜園或果園，可驅除果蠅、紋白蝶及其它危害作物的蛾類。

(6) 產後腹痛、或老人臍腹冷痛者：可用艾絨裝布袋兜於腹部。

(7) 護膝：菊花、艾絨適量裝入布袋中作成護膝。功用：祛風除濕、消腫止痛、鶴膝風，關節炎、骨質疏鬆引起的痺痛。

(8) 治卒心痛：熟艾，水煎溫服去渣，頓服之；若為客氣所中者，當吐出蟲物。(《補缺肘後方》)

(9) 治婦女白帶：取艾葉 5 錢煎湯去渣，鴨蛋兩個放入湯內同煮，吃蛋喝湯，一療程 5 天。

(10) 治尋常疣：採鮮艾葉擦拭局部每日數次，至疣自行脫落為止。治療 12 例，最短 3 天，最長 10 天即脫落。

(11)《藥性論》「止崩血，安胎，止腹痛」具抗纖維蛋白溶解作用，能降低毛細血管通透性而止血。

(12) 虛性出血症：艾葉煎湯，去渣取汁煮粥服，能益氣攝血。

(13)《孟子·離婁篇》「七年之病，求三年之艾」：艾葉含揮發油，新製

艾絨含揮發油較多，灸時火力過強，患者灼痛感較大，陳艾油脂揮發殆盡，質地柔軟，灸時火力柔和。

(14)《保生無憂方》「保生無憂芎芍歸，荊羌耆朴菟絲衣，枳甘貝母薑祈艾，功效神奇莫淺識」。《醫學心悟·卷五》功效：令兒易生，救孕婦產難，保子母安全。

方義：

(a) 當歸、川芎、白芍：補血養血。

(b) 黃耆、甘草：益氣健脾。

(c) 艾葉：暖宮散寒。

(d) 厚朴、枳殼：利氣消脹。

(e) 羌活、生薑：疏風解表散寒。

(f) 貝母：潤肺、止咳、化痰。

(g) 菟絲子：補腎安胎。

藥理研究

(1) **抗菌作用**：「家有三年艾，郎中不用來」，以艾葉或艾絨烟熏，可用於室內消毒。或與蒼朮、白芷等混和烟熏，對金黃色葡萄球菌、溶血性鏈球菌…均有殺滅或抑制作用。(但對過敏症患者不適合)

艾條煙熏：能減少燒傷創面的細菌，肺結核桿菌經艾灸治療效果明顯，並能增加網狀內皮細胞的吞噬作用。

(2) **平喘作用**：艾葉能直接鬆弛氣管平滑肌，也能對抗乙醯膽鹼，氯化鋇、組織胺引起的收縮現象並增加肺通氣量，並有祛痰鎮咳作用。其主要作用機理與

抗組織氨有關。

(3) **抑制血小板聚集作用**：(炮製法影響很大)

(a) 以醇提取對血小板聚集的抑制作用效果最佳，炮製則以生艾葉及醋炒效果最佳。

(b) 止血作用：碳炒可改用烘法，以 180℃烘 10~20 分鐘，以外觀成焦褐色為焦。

(4) **抗過敏性休克**：艾葉油有抗過敏性休克作用。

端午節掛艾草、菖蒲、榕枝的習俗

端午節時期正值初夏，天氣炎熱，多雨潮濕，蚊蠅孳生，傳染病發作高峰期，古人在端午節期間插艾草，懸菖蒲，用以驅蚊蠅，淨化空氣，後來又加上龍船花、大蒜、石榴花，合稱「天中五瑞」以防疫祛病，避瘟驅毒。

掛艾草、菖蒲、榕枝

端午節在門口掛艾草、菖蒲、榕枝或芙蓉…等植物，通常是將上述植物用紅繩綁成一束，掛在門上。

(一) 菖蒲：天南星科植物 (《神農本草經 · 上品》)

氣味：辛、溫，無毒。

功效：主風寒濕痺、咳逆上氣、開心竅、補五臟、通九竅、明耳目、出聲音，主耳聾、癰瘡，溫腸胃、止小便利。

久服：輕身、不忘、不迷惑、延年、益心智、高年不忘。

菖蒲為天中五瑞之首：象徵祛病除不祥之寶劍，葉片呈劍型，插在門口可以避邪，道教方士稱為 [水劍]，民門稱為 [蒲劍] 可以斬千邪。

(1) 清·顧鐵卿《清嘉錄》記載：截蒲為劍，割蓬作鞭，副以桃梗、蒜頭，懸以床戶，皆以卻鬼。

(2) 晉《風土志》則有：「以艾為虎形，或剪裁為小虎，貼以艾葉，內人爭相戴之，以後更加以菖蒲，或作人形或肖劍狀，名為蒲劍，以驅邪卻鬼」

(二) 艾草：**菊科植物**

性味：苦辛、生溫、熟熱、純陽之性。

功能：能回垂絕之元陽，通十二經，走三陰 (太陰、少陰、厥陰) 理氣血，
　　　逐寒溼，暖子宮，溫中開鬱，調經安胎，止諸血。

主治：吐衄、崩帶 (治帶要藥)、腹痛冷痢、霍亂轉筋 (理氣逐寒溼之效)。
　　　殺蛇、治癬以之灸火：能透諸經而治百病。

艾草：代表招百福，而五月的艾草正值生長旺季，所含精油最多，功效較
　　　好，針灸學的灸法就是以艾草為主要成分的醫療方法。

　　宋·宗懍《荊楚歲時記》記載：「雞未鳴時，採艾，見似人型，攬而
取之，用灸有驗，...... 今人以艾為虎形，或剪綵為小虎，粘艾草以戴之」

(三) 榕枝：**桑科榕屬**

　　在民間習俗上，可以使身體矯健，[插榕恰勇龍，插艾恰勇健]，[手
執艾旗招百福，門懸蒲劍斬千邪]

Memo

❖

艾草

◆

艾可乂疾，久而彌善

車前草

學名：*Plantago asiatica* L.

來源：車前科植物車前草的全草 (成熟的種子
　　　稱車前子)

別名：五根草、牛舌草、牛耳草、當道。

《歌詠車前草》

路中青色多蒙塵，支離車前幾度春，

牛道難為去水志，馬瀉堅持明目心，

久服輕身人耐老，一別淋重肺傷陰，

當道不計車前鑑，喚回名利早行人。

車前草又稱五根草

(1) 車前草在台灣幾乎到處可見，鄉下的
耆老們都知道它的功效，也是青草茶的
重要原料之一，人們習慣稱它為「五根
草」。

(2) 有著旺盛的生命力，從平地到高山都
能發現它的蹤跡，性喜陽光，成群生長
在道路，遭牛馬踐踏，古人稱之為「當
道」。

(3) 葉片呈簇生狀，柄長約四公分，呈卵形或闊橢圓形，形狀很像牛的舌
頭，故稱「牛舌草」。

(4) 車前草沒有莖，葉子從根部直接長出來，葉片有五條明顯葉脈，又稱

「五根草」。葉子中心長出一條條馬鞭形狀的心芽往天空中，猶如躍馬揚鞭的將軍。

藥用價值

《本草備要》

※ **車前草**

性味：甘寒

功能：涼血、去熱、止
　　　吐衄、消瘀瘀、
　　　明目通淋。

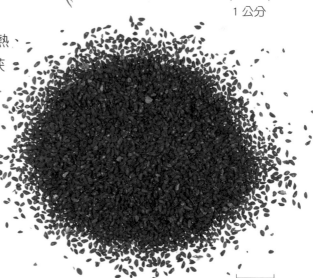

1公分

※ **車前子**

性味：甘寒

功能：清肺肝風熱、滲膀胱濕熱、
　　　利小便而不走氣，與茯
　　　苓同功，強陰補精，
　　　令人有子，催生下
　　　胎。

主治：目赤障翳、濕痺
　　　五淋、暑濕瀉
　　　痢。

1公分

※ **臨床應用**

功用：清熱、利水、明目、祛痰。

主治：小便不利、淋濁帶下、腎炎尿血、高血壓、咳嗽多痰、目赤腫痛、
　　　黃疸、腸炎、痢疾。

藥理研究

(1) **利尿作用**：能增加尿量，尿素、氯化物、尿酸等排泄。

(2) **袪痰止咳作用**：能使呼吸道分泌明顯增加，痰液稀釋而容易。

(3) **降血壓作用**：車前子能利尿，促進鈉離子排泄，而有降血壓作用。

(4) **車前素**：能興奮副交感神經，抑制交感神經，使末梢血管擴張，而使血壓下降。

藥膳及養生茶

(1) 車前茶

組成：車前子 20 克、大棗 5 個，水煎代茶飲。

功效：清熱利濕，治暑濕泄瀉、腹脹、小便不利。

(2) 多子糖醋魚

組成：車前子 100 克、枸杞子 15 克、菟絲子 10 克、桑椹子 15 克。

食材：鯉魚一條、沙拉油 1000c.c.、醬油、黑醋、米酒、鹽、糖、薑、蔥、
太白粉各適量。

作法：

(a) 將藥材用紗布包，浸潤加水煎 30 分鐘，去渣留汁備用。

(b) 將鯉魚掛上太白粉糊，油炸至金黃色，撈出置盤中。

(c) 鍋中放少許沙拉油，加入蔥、薑、藥汁及調味料，勾芡後，加熱片刻，
淋在鯉魚上即可。

功效：補肝腎、養陰血、明目，對體弱經常低熱，視力退化之陰虛體質尤
為適用。

說明：車前子、枸杞子、桑椹子、菟絲子為補腎、明目、滋陰之品。鯉魚
能滋陰，補虛明目，增強視力。

(3) 酥炸車前葉

車前草的葉片有五條主脈，如果不做適當的烹調，口感略嫌粗瑟，失去了養生美食意義，因此以油炸的方式烹調，則有一種特殊香酥口感及野菜味。

方法：取車前草新鮮的嫩葉，裹上麵粉，加入適量的胡椒、鹽油炸，吃起來香酥可口，口感類似洋芋片的味道。

(4) 車前草燒肉卷

車前草全草皆具有療效，民間經常應用於青草茶及野菜，具有消炎利尿，止咳化痰的功效，可應用於腎炎，水腫，支氣管炎等。但性味偏於寒涼，體質虛寒的人，不宜長期或大量服用，經過油炸烹調之後，則能平衡寒涼的性質，也兼顧人們對於美食的需求。

作法：

(a) 選取鮮嫩，葉炳較長，葉片略大的車前葉，約 20 ～ 30 片，熱水略為汆燙泡軟

(b) 取梅花肉片 15 片，米酒，胡椒粉，鹽適量醃 20 分鐘，使肉片入味。

(c) 用車前葉將肉片包起來，並用葉脈綁緊，熱油鍋，炸熟即可食用。

車前子可治療乾眼症

乾眼症指眼睛淚腺分泌量不足或質的改變，以致無法保持眼睛表面濕潤所造成的症狀。

症狀：

(1) 眼睛乾澀，容大疲倦、想睡、眼睛癢、有異物感、灼熱感，眼皮緊繃沉重，分泌物黏稠，怕風、畏光，對外界刺激敏感，暫時性視力模糊。

(2) 有時眼睛太乾，基本淚液不足，反而刺激反射性淚液分泌，而造成常常流淚的症狀。

(3) 嚴重時：眼睛會紅、腫、充血、角質化，角膜上皮破皮而有絲狀黏液附著。

(4) 長期傷害：則造成角膜病變，視力受損。

中醫學：症屬「乾澀昏花症」、「目澀症」、「神水將枯」的範疇。

《審視瑤函》「乾眼昏花症」

「乾乾澀澀不爽快，渺渺蒸蒸不自在，奈因水少精液衰，莫待乾枯光損壞」

此症：謂目覺乾澀不爽利而視物昏花也，因勞膽竭視，過慮多思，耽酒嗜燥之人，不忌房事，致傷神水也。合眼養光，久則得淚略潤，開則明爽，可見少水之故。若不謹戒保養，甚則傷神水，而枯澀之病變生矣。

治則：惟急滋陰養水，略帶抑火，以培其本，本立，清純之氣和，而化生之水潤。

※ 四物五子丸

主治：乾眼症、心腎不足、眼目昏暗。

組成：熟地黃、當歸 (酒洗)、白芍、菟絲子 (酒煮爛、培)、川芎、覆盆子、枸杞、車前子 (酒蒸)。

製服法：右為細末，煉蜜為丸，如梧桐子大，每服 50 丸。

急性腎盂腎炎

臨床特徵：急性腎盂腎炎是以突發畏寒、發高燒、腰痛、頻尿、尿急、尿痛，為主要臨床特徵的腎臟實質急性炎症性病變。發病急驟，多見於女性、兒童、新婚或妊娠期婦女。

西醫學：認為其發病主要原因是機體某些特殊的細菌因素（如細菌傘

的作用），尿路梗阻，膀胱輸尿管返流，免疫反應，腎髓質，與婦女生理結構的易感性，局部腎臟損傷，免疫機制不佳及機體代謝異常等因素，引發本病。

臨床表現：

(1) 本病男女發病率為 1:5，尤其以女性、兒童、新婚期、妊娠期婦女多見。

(2) 主要臨床表現：發病急驟，惡寒發熱，體溫可高達40°C，腰痛或腰脹痛。頻尿、尿急、尿澀痛、激烈頭痛、全身痠痛、噁心嘔吐、腹部脹痛等全身性感染症狀。

中醫學：

　　本病屬「淋證」的範疇，「熱淋」、「血淋」、「濕熱淋」，皆與本病有關。

　　本病多由腎氣不足、濕熱邪毒，蘊結在腎與膀胱，氣化不利，經絡阻滯所致。

　　如婦女平素月經失調，衝任失和，妊娠、多產，產後體虛，房事過度，腎元虧損，或外感六淫，或尿道炎，或情志失調，鬱悶煩躁，內釀濕熱，或疔瘡腫瘍，毒盛於內，流注下焦，皆可引起本病。

治療原則：

(1) 急性發作期：清熱解毒，利濕通淋為主。

(2) 恢復期：正虛邪戀，宜益氣養陰，解毒通淋。

(3) 痊癒後，氣陰不足：宜滋陰補腎。

※ **急性腎炎基本方**

組成：防己、黃耆、白朮、豬苓、澤瀉、茯苓、車前子、白茅根、陳皮、

桑白皮。

臨症加減：

(1) 發病初期：惡寒發熱，口燥咽乾，扁桃體腫大，或皮膚瘡毒。加金銀花 15 克、連翹 12 克、黃芩 12 克。

(2) 血尿：加旱蓮草、大小薊。

(3) 高血壓、頭痛：加夏枯草、益母草或石決明。

(4) 水腫消退，尿量增多，血壓恢復正常，但仍有尿蛋白時，減去：防己、車前子、豬苓、澤瀉，加入：黨參、女貞子、山藥、薏仁以補脾，或加桑椹、杜仲以補腎。

製服法：水煎溫服。視其症狀與年齡酌情增減劑量。

治則說明

(1) 本病本虛而表實，急者治其標，緩者治其本。

(2) 發病初期，病勢凶險，宜清熱解毒，利濕通淋為主，不可妄投補劑，尤其是補氣藥，更應禁止。

(3) 緩和期：正虛邪戀，治則宜益氣養陰，解毒通淋。方劑如參耆地黃湯加減。

(4) 痊癒之後：應長期服用六味地黃丸，以調養身體，鞏固療效。

※ 以腫脹分別病情輕重

(1) 輕度：兩側眼瞼及臉部出現輕微浮腫，四肢及軀幹則無明顯浮腫。

(2) 中度：眼瞼及臉部浮腫，兩下肢亦呈現非凹陷性腫脹。

(3) 重度：顏面、四肢、軀幹，均出現顯著浮腫。

※ 以血壓高低，分別病情輕重

血壓輕度升高：學齡前兒童 110/70mmHg；學齡後兒童 120/80 mmHg，超過此標準 20mmHg 以上者。成人 120/70mmHg，超過 20mmHg

者。

血壓重度升高：超過正常血壓 40mmHg 以上者。

(1) 患病期間，應臥床休息；恢復期可多作緩和性運動，以恢復健康。

(2) 本病病況纏綿，應積極防治，對上呼吸道感染及皮膚感染，及反覆發作的原發病灶，應予妥善治療。

(3) 飲食宜選擇：富含維生素，優質蛋白，及容易消化食物。

(4) 水腫明顯、血壓升高、心力衰竭者，須限制食鹽，每日 1g 左右，並限制飲水量。

(5) 伴有腎功能不全或氮質血症，應限制蛋白質攝取量 (成人每日 30 ～ 50 克)。

(6) 恢復期：宜低鹽飲食，以防疾病復發，忌食海鮮蝦蟹等發物及生冷肥甘刺激性食物，並戒酒。

(7) 避免或慎重考慮對腎臟有損害作用藥物，以防病情加重。

(8) 積極治療誘發腎炎因素：如尿道結石、尿道炎、糖尿病及各種急慢性感染疾病及菌血症。

(9) 注意衛生習慣：保持陰道及泌尿道清潔。

(10) 避免不必要的泌尿道器械檢查，以免引起感染。

※ **參耆地黃湯** (《沈氏尊生方》)

組成：黨參、黃耆、生地、山藥、山茱萸、牡丹皮、澤瀉、茯苓。（銀花、蒲公英、車前草）

加減：低熱不退，口乾咽燥，舌紅少苔可重加生地、旱蓮草、青蒿以滋陰清熱。

狗尾草

學名：*Uraria crinita* (L.) Desv. ex DC.

來源：豆科植物狗尾草的根及粗莖

別名：狐狸尾、兔尾草、狗尾呆仔、通天草。

藥用價值

性味：甘微苦，平。

功能：清熱止咳、散瘀止血、消癰解毒、開脾。

主治：咳嗽、肺癰、吐血、腫毒、子宮脫垂、小兒發育不良。

藥膳食療方

(1) 狗尾昆布湯

組成：狗尾草 150 克、枸杞 30 克、素羊肉 (香菇頭)300 克，香菇、生薑、
　　　鹽各適量，昆布一小段、芝麻油 1 匙。

作法：

(a) 狗尾草洗淨切段，乾香菇浸軟，生薑拍碎。

(b) 將狗尾草、老薑、香菇、昆布加水約 1500 ～ 2000c.c.，砂鍋燉煮，水
　　 沸後小火續煮 20 分鐘。

(c) 加入素羊肉、枸杞，續煮 10 分鐘，加入麻油、食鹽調味即可。

功效：補脾益腎、增強免疫力。

應用：適合發育中青少年及中老年人體虛，筋骨痠痛，虛煩失眠，產婦月
　　　內風，肌筋膜炎。

├─────┤
1 公分

(2) 狗尾開脾湯

組成：狗尾草 300 克、使君子 30 克、豬小腸 300 克，玉米、生薑、鹽各適量。

作法：狗尾草、使君子洗淨浸潤，豬小腸、玉米洗淨切段。將食材與藥材
置砂鍋內燉煮 40 分鐘，停火加鹽適量即可食用。

功效：滋補強壯、開胃健脾，並治小兒疳積。

芸香

學名：*Ruta graveolens* L.

來源：芸香科植物芸香的全草

別名：臭芙蓉、臭節草、臭草、
　　　心臟草。

古代讀書人就喜歡這一味

　　中國古代的讀書人喜歡將新鮮的芸香掛在書房的窗口上，散發出的香氛用來提神醒腦、振奮精神，努力讀書求取功名。

　　芸香同時也具有驅除蚊蠅、跳蚤，防止煞氣進入家中的功用。

芸窗：即書齋（書房）

　　唐·蕭項云：「卻對芸窗勤苦處，舉頭全是錦為衣」。

　　金·馮延登云：「芸窗盡日無人到，坐看玄雲吐微翠」。

　　描繪出學子們勤奮讀書，對未來前景充滿憧憬。

書香門第

　　芸香散發出來的香味，能防止蠹魚蛀蝕書本，愛書如命的讀書人，習慣將陰乾的芸香草夾在書本中，每當翻閱書本的時候，便會飄逸出縷縷的香味，於是讀書人的家庭，也稱書香門第、書香世家。

　　芸香的味道高雅，對人體及書籍均有益無害，相較於現代使用的樟腦丸或驅蟲劑、濃烈刺鼻，損害人體，高明多了。

芸香有護眼的功效

在義大利畫家達文西及米開朗基羅，經常摘食二、三片芸香葉，以改善視力及增強創造力，而芸香含黃酮類成分，能護眼、消除眼睛疲勞，防止白內障。

芸香加入其它香草植物，也是很棒的薰香材料。

藥用價值

性味：辛苦，涼。

功能：鎮痙、驅風、強心；止渴、殺蟲蠱、健胃、利尿、通經有奇效。

主治：感冒發熱、牙痛、月經不調、小兒濕疹、瘡癤腫毒、跌打損傷、經痛、閉經、蛇蟲咬傷、久痢、神經病、癲癇、昏睡等。

藥理：能解痙、興奮子宮、抗微生物、抗發炎、抗皮膚過敏、抗潰瘍、抗癌、降血壓及麻痺、鎮痛作用。

應用

(1) 有機驅蟲劑：將芸香鮮葉及艾草加入五倍 75% 酒精，浸泡 3 ～ 7 日，可作為安全有效的消毒及驅蟲劑。

(2) 咳嗽、咽喉腫痛：取新鮮的芸香葉 15 克、積雪草 15 克，少許檸檬汁、糖，沖泡可止咳、消腫。

(3) 消除眼睛疲勞：取芸香適量沖泡，待適當溫度時熱敷效果很好。

(4) 驅蟲：將芸香草放置在抽屜、床席或衣櫥、書本夾頁中，可驅除蛾類及其它昆蟲。

芸香應用於哮喘

(1) 過敏性哮喘：是接觸致敏物質，導致氣管反應性增高，引起氣管狹窄

的變態反應性疾病。

(2) 臨床主要表現：發作性胸悶、氣促、咳嗽，伴有哮鳴聲，緩解後如常人，並具有反覆發作性、可逆性及長期性的特點。

(3) 發病年齡：多在幼年及少年，也有成年人，有一定季節性，以春、秋為多。

(4) 發作前徵兆：可有鼻癢、打噴嚏、流鼻水、乾咳或咳嗽痰多、胸悶等先兆症狀。繼之：喉中有哮鳴聲，呼吸急促，胸悶憋脹。嚴重時：張口抬肩，難以平臥，更嚴重時，會出現紫紺。

(5) 體徵：發作時胸廓飽滿呈桶狀；吸氣時，鎖骨上窩凹陷，呼氣延長。

(6)《醫宗金鑑·雜病心法》

    (a) 喘則呼吸氣急促，哮則喉中有響聲。實熱氣粗胸滿硬，虛寒氣乏痰飲清。

    (b) 喘息死證 (重症)：喘汗潤髮為肺絕，脈濇肢寒命不冒；喘咳吐血不得臥，形衰脈大氣多亡。

(7) 芸香合劑

組成：芸香 30 克、五味子 9 克、麥冬 15 克、黨參 30 克、陳皮 6 克、杏仁 6 克、黃耆 20 克、桔梗 12 克。

功能：平喘鎮咳、祛痰清肺。本方有補虛、平喘、抗過敏作用。

主治：心臟病喘息、肺氣腫、支氣管擴張等證見哮喘者。

Memo

芸香

◆

芸窗盡日無人到，坐看玄雲吐微翠

金蓮花

學名：*Tropaeolum majus* L.

來源：金蓮花科植物金蓮花的全草 (多鮮用)

別名：旱蓮花、旱金蓮、矮金蓮、旱荷花、大紅鳥。

《金蓮花》

旱地蓮通聖，丈殊大菩薩，

一心傳佛智，六月燦金花，

凡俗不知貴，乾香常作茶，

善醫頭腦熱，又治眼光差，

瘴氣山嵐毒，驅邪扶正佳。

　　金蓮花又名旱蓮花，據傳最初生長在山西五台山，是文殊師利菩薩聖跡所化，文殊師利菩薩是佛教四大菩薩中代表大智慧的菩薩，同時也象徵吉祥，又稱為妙吉祥菩薩。

　　金蓮花在六月盛開，金光燦爛，氣味馨香，一般人不知道它的珍貴，只作觀賞，其實它也是藥、食兩用的保健植物。具有清熱解毒，滋陰降火，保肝明目的功效，可作為養生藥膳及保健茶飲，清・乾隆皇帝曾多次上五台山禮佛，住持師父即以金蓮花茶招待皇帝。

寧品三朵花，不飲二兩茶

　　金蓮花素有「塞外龍井」之稱，沸水沖泡，茶色清澈明亮，有著淡淡的馨香，口感清香，是居家保健的茶飲，據傳隋煬帝之后，蕭皇后，艷麗脫俗，肌膚細嫩美白即拜長期飲用金蓮花茶，故有「養顏旱金蓮」之稱。

清 · 康熙皇帝《金蓮花詩》

迢遞從沙漠，孤根待品題，

清香指檻入，正色與心齊，

磊落安山此，參差鷲嶺西，

炎風曾避暑，高潔少人躋。

藥用價值

性味：(全草) 辛酸，涼。

功能：清熱解毒、涼血止血、明
　　　目、解嵐瘴之氣。

主治：目赤腫痛、瘡癤、惡毒大
　　　瘡、跌打損傷、咯血、浮
　　　熱牙宣、氣管炎。

花語：金蓮花的花朵色彩豐富，
　　　有紅、橘、黃、乳白等多種顏色，花朵大而優雅，是香草園不可缺
　　　乏的主角。

形態：一年或越年生肉質狀草本植物，蔓狀而脆嫩，葉子翠綠色，呈圓形，
　　　樣子可愛，很像蓮花葉，因而得名。

栽培：金蓮花喜歡全日照的涼爽環境，在台灣平地，多半在秋天播種，冬
　　　天開始開花，花期很長，可到初夏，然後漸漸凋零，開花結果後，
　　　可採收種子備用，等秋天來臨時，再次播種。

食用

(1) 金蓮花的花朵及嫩葉都適合加入生菜沙拉中食用，新鮮的葉子及花朵
　　 含豐富的維生素，具有芳香的辛辣感，吃起來味道像新鮮芥末味或胡
　　 椒味。

(2) 葉子也可以沾麵糊，炸成天婦羅食用，香酥可口。

出典

(1)《植物名實圖考》云：金蓮花，
蔓生，綠莖脆嫩，圓葉如荷，大
如荇葉，開五瓣紅花，長鬚茸茸，
花足有短柄，橫翹如鳥尾，京師
俗呼大紅鳥。

(2)《綱目拾遺》曰：張壽莊云：五
臺山出金蓮花，寺僧採朵，如南
人茶菊然，云食之益人。

(3) 清·康熙皇帝曾親自從五臺山移植金蓮花於避暑山莊。

應用

(1)《綱目拾遺》治口瘡喉腫、浮熱牙宣、耳痛目痛，煎此代茗。

(2) 治目赤腫痛：金蓮花、野菊花各適量搗爛敷眼眶。

(3) 臨床可用於感染性疾病，如上呼吸道感染、口腔癌、尿道感染。

藥理研究

(1) 所含揮發性成分異硫氰酸苄脂 (benzyl isothiocyanate) 為廣譜抗菌素，
對革蘭氏陰性或陽性菌、黃金色葡萄球菌、鏈球菌、大腸桿菌、傷寒、
副傷寒桿菌、痢疾桿菌、炭疽桿菌、枯草桿菌、抗酸桿菌及某些真菌
均有抑制作用。

(2) 對多數能形成芽孢的細菌和眼感染的微生物有良好的抑制作用。

(3) 具有非特異性刺激作用，能使網狀內皮系統活動增加，從而增強機體

防禦能力及瘡癒過程。

(4) 能增加氯黴素抗菌效果。

(5) 以幼嫩部位及果實效果最好，莖次之，根則無效。

(6) 水煎液效果不佳，有效成分為親脂性，難容於水，可作成乳劑使用。

美容

(1) 金蓮花美白面膜

組成：金蓮花

功用：抑制酪胺酸酶活性，淡斑美白。可阻斷黑色素生成，防止黑色素過度增生，分解沉積肌膚的色斑，淡化黃褐斑及黯沉膚色。

使用方法：清潔臉部後，將藥粉調入開水，敷於臉部，蓋上溫潤毛巾，30分鐘後，取下毛巾，用指腹輕輕按摩數分鐘，再用清水沖洗即可。

藥膳食療方

(1) 金蓮花茶

組成：金蓮花 5 錢、枸杞子 3 錢、玉竹 3 錢、甘草 1 錢，紅糖適量。

製服法：沸水沖泡飲用

功效：清熱解毒、滋陰潤肺，治慢性咽喉炎、聲音嘶啞。

(2) 涼拌金蓮花

組成：金蓮花嫩莖葉 100 克、素火腿 150 克，食鹽、香油各適量。

作法：金蓮花洗淨，沸水汆燙，撈出，冷開水沖洗，瀝乾，切碎，素火腿切片，放入盤中，調味料拌勻，淋上香油即可。

口感：清淡爽口，素食佳品。

青葙子

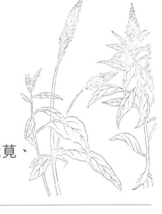

學名：*Celosia argentea* L.

來源：莧科植物青葙的種子 (稱青葙子)

別名：白雞冠、野雞冠、白雞冠花、狗尾莧、雞冠莧、
　　　崑崙草、牛尾巴花。

花語

　　青葙是野外經常可見的植物，嫩葉可當蔬菜食用，種子是中藥材裡眼科用藥，植株分紅、白兩種顏色。紅色的青葙較多，一抹抹紫紅色或胭脂紅的花朵，讓經過的人們都會停下腳步駐足觀賞，美的令人陶醉在花海中。

　　青葙花的樣子很像燃燒著的紅色蠟燭，充滿生命力，喜氣洋洋，默默的祝福著過往的人們平安、幸福。在原住民族「平埔族」祭拜阿立祖必備的供品中，一定要有青葙花，因為它代表著感恩、祝福、平安。

青葙與雞冠花是易混淆的中藥材

　　青葙有著圓柱形火焰狀的花序，看起來有點像公雞的雞冠，因此也稱為「雞冠青葙」，易與「雞冠花」藥材混淆，兩者是親戚，都是莧科植物，但是功效卻截然不同。

※ **雞冠花**

基原：莧科植物雞冠花的花序。

品質鑑別：花朵大而扁，色
　　　　　澤鮮明為佳。

性味歸經：甘，平。入肝、大
　　　　　腸經。

功效：清風退熱、止腸風下血，治
　　　痔漏下血、赤白下痢、崩中、赤白帶下、吐血、咳血、血淋。

1 公分

※ **青葙子**

基原：莧科植物青葙的種子。

品質鑑定：以色黑、光亮，飽
　　　　　滿者為佳。

性味歸經：苦，微寒。
　　　　　入肝經。

功效：鎮肝明目，治目
　　　赤腫痛、青光眼、
　　　白內障、高血壓、
　　　皮膚風熱搔癢、淋
　　　濁。瞳子散大者忌用。

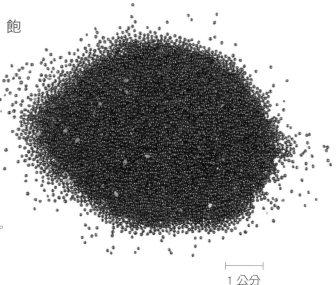

1 公分

藥膳食療方

(1) 素炒青葙葉

材料：青葙的幼苗及嫩莖葉 300g、沙拉油、鹽適量。

做法：將青葙葉沸水汆燙，撈起瀝乾後，熱鍋大火快炒，加鹽調味即可。
　　　（味道像地瓜葉）

(2) 當紅炸子雞

材料：童子雞一隻 (約一斤半)、青葙子 30g(紗布包)，醬油、鹽、紅糖、沙拉油、米油各適量。

作法：將青葙子加水浸潤後煮 20 分鐘，去渣留汁，將藥汁填入雞腹，加水適量，小火墩煮至五分熟，調入醬油、鹽、紅糖、米酒，燉至熟透、撈出。砂鍋加入沙拉油，燒熱後，將童子雞炸至表面呈金黃色即可。

功用：童子雞能補氣明目，青葙子能清肝火、明目，兩者配合則溫而不燥，共奏補氣、護肝、明目之效。

適用對象：視力保健，對氣虛乏力、動則心悸體質尤為適用。

(3) 青葙豆腐湯

材料：青葙子 30g，豆腐、昆布、蔬菜、紅蘿蔔各適量。

作法：將昆布煎成一小段，青葙子紗布包，浸潤後熬煮至湯頭濃郁，撈出青葙子，加入其它食材，略煮即成。

功效：用於肝腎虛虧引起視力退化者。

青葙子可應用於青光眼的治療

正常人的眼壓約為 12 ～ 15 毫米汞柱。如果眼壓超過 20 毫米汞柱，即「眼壓過高」，眼睛會酸澀、腫脹紅赤、視力模糊。超過 40 毫米汞柱以上時，會造成「青光眼」，引起視覺神經損傷。

症狀則有：眼睛疼痛、充血、脹痛、視力模糊、視野縮小；夜間開車在燈光下會出現不同的虹視，容易造成車禍，更進一步發展則出現：頭痛、噁心、嘔吐、視神經萎縮、視野狹窄，甚至失明。

西醫學治療，有的人認為療效並不明顯。

中醫學：青光眼屬五風內障的範疇（黃風內障、綠風內障、黑風內障、烏風內障、青風內障）

致病原因：

外因：必因頭風，其痛引目上攻於腦，腦脂與熱合邪，下注於目。證屬有餘，多兼赤痛，當以除風散熱為主。

內因：內傷臟腑，精氣不上注於目。

證屬不足，多不赤痛，當以補精益氣為主。

青光眼可應用「綠風還睛丸」(《醫宗金鑑‧眼科心法》)

組成：甘草、白朮、人參、茯苓、羌活、防風、菊花、生地黃、蒺藜、肉蓯蓉、山藥、牛膝、青葙子、密蒙花、菟絲子、川芎各 1 兩。

製服法：研末、蜜丸，每服三錢，空心清茶送服。

功效：舒壓止痛、改善眼內房水流通、減縮壓積、營養視神經、廣大視野。

枸杞子

學名：*Lycium chinense* Mill.

來源：茄科植物枸杞的成熟果實

別名：甘杞、天精子、地仙、地骨、枸棘子、甜菜子。

《枸杞井》（唐 · 劉禹錫）

僧房藥樹依寒井，井有清泉藥有靈；

翠黛葉生籠石甃，殷紅子熟照銅鏡；

枝繁本是仙人杖，根老能成瑞犬形；

上品功能甘露味，還知一勺可延齡。

　　相傳唐代，潤州·開元寺，寺裡有一口井，井旁長有很多枸杞。枸杞子在成熟之後，很容易掉進水井之中，而寺裡的法師長期飲用井水，人人臉色紅潤，年至八十，髮不白、齒不掉；詩人兼醫學家劉禹錫，為此作《枸杞井》一詩。

神仙服枸杞方《太平聖惠方·出淮南枕中記方》

　　有一人往西河為使，路逢一女子，年可十五、六，打一老人，年可八、九十，其使者深怪之，問其女子曰：「此老人是何人？」，女子曰：「我曾孫，打之何怪，此有良藥不肯服，致年老不能步行，所以決罰。」

　　使人遂問女子，今年幾許？女曰：「三百七十二歲」，使者又問：「藥復有幾種，可得聞乎？」，女云：「藥惟一種，然有五名。」使者曰：「五名何也？」，女子曰：「春名：天精、夏名：枸杞、秋名：地骨、冬名：仙人杖，亦名西王母杖，以四時採服之，令人與天地齊壽。」使者曰：「所採如何？」女子曰：

(1) 正月上寅，採根；二月上卯，治服之。

(2) 三月上辰，採莖；四月上巳，治服之。

(3) 五月上午，採葉；六月上未，治服之。

(4) 七月上申，採花；八月上酉，治服之。

(5) 九月上戌，採子；十月上亥，治服之。

(6) 十一月上子，採根；十二月上丑，治服之。

但依此採治服之：二百日內，身體光澤，皮膚如酥。

三百日內，徐行及馬，老者復少。

久服延年，可為真人矣。

枸杞子又名「却老子」，能抗衰老

李清雲高壽 256 歲，全靠素食及紅豆枸杞茶。

知名中醫藥學者：李清雲，出生於清·康熙十六年（西元 1677 年），卒於民國二十二年（西元 1933 年），是世上極為罕見的長壽星。他將自己健康長壽的原因歸於：(1) 常年素食 (2) 內心保持平靜開朗 (3) 平日以枸杞煮水當茶喝。

《本草正》云：「枸杞，味重而純，故能補陰，陰中有陽，故能補氣，添精固髓，健骨強筋，善補勞傷，尤止消渴，真陰虛而臍腹疼痛不止者，多有神效。」

枸杞酒：唐朝·孫思邈，世稱「藥王」，世壽 140 歲，以枸杞酒抗老養生。

枸杞子藥用價值

功用：滋補肝腎、強壯筋骨、
　　　益精明目、潤肺止渴。

主治：肝腎陰虛、頭暈目眩、視力減
　　　退、腰膝痠軟、煩躁失眠。

1 公分

枸杞子藥理研究

(1) **增強免疫功能**：能提高人體淋巴因子－白細胞介素功能，抗衰老。

(2) **抗腫瘤作用**：能提高巨噬細胞吞噬率及 T 淋巴細胞轉換率，具有調節免疫、抗惡性腫瘤作用。

(3) **抗脂肪肝作用**：能保護肝細胞，促進肝細胞新生，改善肝功能。

(4) **降血壓、降膽固醇作用**：甜菜檢，可擴張血管、抗動脈硬化、降膽固醇、降血壓作用。

(5) **降血糖作用**。

地骨皮藥用價值

功效：降血壓、降血糖、
　　　清熱止咳、退虛熱。

蒸餾所得「地骨露」：防治糖尿
　　　病，預防中暑的佳品。

1 公分

枸杞嫩葉藥用價值

功效：補肝明目、生津止渴、清虛熱，也是古人的重要零食。

《紅樓夢》：「二、三十錢可以吃油鹽炒枸杞葉」

經驗良方

(1) **杞菊地黃丸**

組成：枸杞子、白菊花、熟地黃、山藥、山茱萸、茯苓、澤瀉、牡丹皮。

功用：滋補肝腎、頭暈目眩、耳鳴、視物昏花、兩目乾澀。高血壓症屬陰虛陽亢者。

藥理：主要有增強免疫功能、抗衰老、抗腫瘤、抗輻射損傷、護肝等作用。

臨床應用：常用於治療中心性視網膜炎、青光眼、老年性白內障、腦震盪
　　　　　後遺症等。

(2) 明中堂抗衰酒

組成：枸杞子、淡大云 (肉蓯蓉)、巴戟天、天冬、麥冬等。

功效：養陰益精、健脾補腎、益氣和血、養顏潤膚。

口感：滋而不膩、溫而不燥、酸甜適口。

(3) 加蓉丸

組成：五加皮、熟地黃、肉桂、炮附子、枸杞子、製女貞子、山藥、茯苓、
　　　製菟絲子、肉蓯蓉、牡丹皮、澤瀉。

功用：滋陰助陽、補腎益精。

主治：更年期綜合症，腎陰陽兩虛，症見烘熱汗出、畏寒、腰膝痠軟。

藥膳及養生茶

(1) 杞菊明目茶

組成：枸杞子 12g、菊花 6g、穀精子 6g、桑葉 6g。

製服法：打成粗末，紗布包，沸水沖泡飲用。（避免煎煮，以免流失藥效）

主治：乾眼症、兩目乾澀昏花、頭暈耳鳴、視力減退、視神經萎縮，屬肝
　　　腎陰虛者。

(2) 枸杞玉露茶

組成：新鮮枸杞嫩葉

作法：將鮮嫩枸杞葉採下，置於陰涼處晾乾，放入瓦鍋，以文火拌炒 (忌

用鋁鍋、鐵鍋)，待香氣大出，即停火，放涼後貯於瓷罐。

製服法：沸水沖泡飲用。

功效：《本草備要》清上焦心肺客熱，代茶：止消渴 (糖尿病)。含豐富維生素、蛋白質、蘆丁、葉綠素，可清虛熱，補肝明目，生津止渴，抗老養顏、潤膚。

口感：色澤鮮碧，清香撲鼻，沁人肺腑。

(3) 枸杞雞肝湯

組成：枸杞子 10g、白木耳 (水發)15g、茉莉花 6g、雞肝 100g，米酒、生薑、鹽各適量。

作法：

(a) 將雞肝洗淨切片，白木耳洗淨，撕成小片，枸杞子 (冷水略洗)

(b) 將雞肝、木耳、枸杞子入鍋，加入清水，煮熟之後，加入調味料，停火，加入茉莉花，即可食用。

功用：補益肝腎，明目、養顏。

主治：肝腎不足，兩目昏花、乾澀，頭暈目眩。

枸杞 · 一勺可延齡

《神農本草經》枸杞 (上品)

性味：苦寒、無毒。

功效：主五內邪氣，熱中、消渴、周痹，風濕。

久服：堅筋骨，輕身不老，耐寒暑。

《本草備要》

枸杞子：平補而潤

性味：甘平

功用：潤肺，輕肝滋腎。益氣生精，助腸，補勞虛，強筋骨。去風、明目，利大小腸。

主治：嗌乾 (是指咽乾的病症)，消渴。

　　汪昂·古諺有云：「出家千里，勿食枸杞」其色赤屬火，能補精壯陽。然氣味甘寒而性潤，仍是補水之藥，所以能「滋腎、益肝，明目而治消渴也。」

　　時珍曰：上焦氣分之藥。

枸杞葉 (天精草)

性味：苦甘而涼。

功效：清上焦心肺客熱，代茶止消渴。

地骨皮

性味：甘淡而寒。

功用：降肺中伏火，瀉肝腎虛熱，能涼血而補正氣。

內治：五內邪熱，吐血尿血，咳嗽消渴。

外治：肌熱虛汗。

上除：頭風痛。

中平：胸脇痛。

下利：大小腸。

　　療在表無定之風邪，傳尸有汗之骨蒸。

枸杞子 ◆ 上品功能甘露味，還知一勺可延齡

《本草綱目》

(1) 春採枸杞葉，名天精草；

(2) 夏採花，名長生草；

(3) 秋採子，名枸杞子；

(4) 冬採根，名地骨皮。

(5) 「一長者長服枸杞，壽百歲，行如飛，發白返黑，齒落更生，陽津強健。」

宋・楊萬里《嘗枸杞》

芥花松菌餞春忙，夜吠仙苗喜晚嘗，

味抱土膏甘復脆，氣含風露咽猶香，

作齊淡著微施酪，芼茗臨時莫過湯，

卻憶荊淡古城上，翠條紅乳摘盈箱。

Memo

枸杞子

◆

上品功能甘露味，還知一勺可延齡

蓮蕉花

學名：*Canna edulis* Ker (食用美人蕉)

來源：美人蕉科植物美人蕉的塊莖及花

別名：紅蓮蕉、曇華、蓮招花、觀音蕉、食用美人蕉、蘭蕉。

『一似美人春睡起，絳唇翠袖舞春風』

(1) 明‧詩人 (佚名)

　　　　　芭蕉葉葉揚遙空，月色高舉映日紅，

　　　　　一似美人春睡起，絳唇翠袖舞春風。

(2) 蓮蕉花，又名蘭蕉、美人蕉，為多年生草本宿根花卉，株高可達 1 米，花期約從 3 月到 10 月，花色有深紅、鮮黃、乳白、粉紅、大紅等顏色。葉片翠綠而厚實，有點像月桃葉，但月桃葉較薄而狹長。

蓮蕉花亦蔬亦藥的甘露

(1) 蕉藕 (塊莖)：塊莖肥肉多，可作菜煮湯或炒皆宜，削去外皮，切塊炒菜，口感脆脆的，又有一點黏；亦可曬乾製成澱粉，稱「蕉藕粉」，是高級餅乾或太白粉原料。

(2) 甘露水：花筒基部 (花心) 含豐富的汁液，稱為「甘露」。清晨時，汁液最多，可直接吸食，甜如蜜，甘之如飴，有滋陰補腎，清涼止咳的功效。

蓮蕉‧膦鳥

　　蓮蕉花又名蓮招花，即美人蕉。因為「蓮蕉」和「膦鳥」的音類似，而膦鳥在閩南語的意思為「男性的生殖器官」，因此在婚嫁習俗上，都會在女兒出嫁時，以紅蓮蕉花陪嫁，有著早生貴子、永結連理的吉祥象徵。

淨化空氣：蓮蕉花能吸附有毒氣體，住在大馬路旁或緊鄰工業污染地區的人，住家旁可多種些蓮蕉花。

蓮蕉花的故事（出佛身血）

佛教有一則蓮蕉花的故事，相傳在二千五百多年前，世尊(釋迦牟尼佛)的堂弟提婆達多，處心積慮要殺世尊，以取代他的地位。於是有一天，在世尊經過地點的山上，推下巨石，想要砸死世尊，被韋陀尊天菩薩以金剛杵擊碎，陰謀並未得逞，但是有一小塊破碎的小石片卻砸中世尊的腳趾頭，鮮血流到地上，卻也滋潤了大地，此後地上長出鮮豔的紅蓮蕉花。

蓮花手印

紅蓮蕉花又稱「曇華」，葉子寬闊如芭蕉葉，花瓣呈橢圓形或卵狀橢圓形，長長的花梗突出在植株上，尖端的花朵修長而纖細，燦爛亮麗，莊嚴而優雅，花姿猶如觀世音菩薩的蓮花手印(蓮花指)，蘊含著溫馨、吉祥、祝福的象徵；而蓮蕉花也稱「觀音蕉」。

紅蓮蕉花的花姿猶如觀世音菩薩的「蓮花手印」，而蓮蕉花也因此被稱為「觀音蕉」。

在國際佛光會：法師及蓮友們都以「蓮花手印」來問候祝福彼此，而蓮花手印即：清淨、無罣礙、人我和諧、無限祝福的意思。

蓮花手印

藥用價值

(1) 蓮蕉花的塊莖

性味：甘淡，涼。

功用：清熱潤燥、消腫解毒、健胃潤腸。

主治：肝炎、神經官能症、崩漏、赤白帶下、高血壓、瘡癤。

(2) **蓮蕉花的花**

功效：

(a) 為止血藥，治衄血 (流鼻血)、金瘡及外傷出血。

(b) 涼血安神，治心煩失眠。

經驗良方

(1) **治崩漏**：蓮蕉花 (塊莖)、煮飯花 (根)、仙鶴草、雞冠花各 12g，黃耆 30g、黨參 15g，水煎服。

(2) **治心煩失眠、高血壓**：絞股藍、蓮蕉花、月季花各適量，沸水沖服。

(3) **治急性黃疸型肝炎**：蓮蕉根 60g、雞角刺 15g、葉下珠 30g，水煎服。

Memo

苦瓜

學名：*Momordica charantia* L.

來源：葫蘆科植物苦瓜的果實

別名：菩達、癩葡萄、錦荔、君子菜、涼瓜。

　　苦瓜原產於印度東部，大約在明朝初期隨著佛教傳入中國，明朝永樂三年，明太祖朱元璋的第五個兒子朱橚所著的一本書《救荒本草》記載四百多種可以在糧食短缺時，充飢度荒的植物，可以種植在田園的經濟植物，其中記載了苦瓜，朱橚是歷代少見具有悲天憫人的王子，他仔細觀察並品嚐書中所述的每一種植物並繪圖，以供辨識，詳述其性味及功效，書中說：「苦瓜味苦性寒，可治療中暑、痢疾等病」。

　　西元 1923 年由胡樸安編輯出版的《中華全國風俗志》記載潮州七種的奇異食品，其中對苦瓜的描述：「苦瓜，一名菩達，又名癩葡萄、又名錦荔，其最奇之名，曰：君子菜，蓋因其味苦，但與豬肉共煮，則變其苦味，一似君子，刻己而不苦人，故有君子之名，潮人甚嗜食之。」潮州人喜歡吃苦瓜，被當成奇俗，可見早年苦瓜並不是日常食用的蔬菜，而明朝李時珍所著的《本草綱目》云：「苦瓜：苦寒、無毒，除邪熱，解勞乏，清新明目，益氣壯陽。」

苦瓜的君子菜之名

　　清朝初年，屈大均在他所著《廣東新語》云：「苦瓜：一名君子菜，其味甚苦，然雜它物煮之，它物弗苦，自苦而不以苦人，有君子之德焉。」

苦瓜具有擬人化的特性

苦瓜和尚石濤，明末清初人，出生於明朝皇室，歷經國破家亡，出家為僧，

出家為僧，自號苦瓜和尚，擅長繪畫，尤其是畫苦瓜，佛家認為人生在世，歷經生老病死，猶如苦海，每一個人的臉上都寫著「苦」字，頭髮眉毛是草字頭，眼睛、鼻子合起來是「十」字，嘴巴是一張「口」，苦瓜和尚的修行方法是學習苦瓜之德，苦己不苦人，捨己度人。

藥用價值

(1) 成分：

　　主要含有苦瓜苷，類蛋白活性物質 (即 α- 苦瓜素、β- 苦瓜素、MAP30)，類胰島素活性物質 (即多肽 -P)，及多種氨基酸。

(2) 苦瓜能減肥：

　　苦瓜含有減肥特效成分 (高能清脂素) 即苦瓜素 (RPA) 被譽為脂肪殺手，能使攝取的脂肪和多糖減少 40 ～ 60％左右。

(3) 促進食慾、消炎退熱：

　　(a) 苦瓜所含苦瓜苷、苦瓜素能健脾開胃。

　　(b) 所含生物鹼類物質奎寧有利尿活血、活血退熱，清心明目的功效。

(4) 防癌、抗癌：

　　(a) 苦瓜蛋白含大量維他命 C 能提高機體免疫功能，有殺菌、滅癌細胞作用。

　　(b) 苦瓜蛋白能加強巨噬細胞吞噬能力，臨床上對淋巴腫瘤及白血病有效。

　　(c) 苦瓜籽所含胰蛋白酶抑制劑，可以抑制癌細胞所分泌的蛋白酶，阻止惡性腫瘤生長。

(5) 平衡血糖：

　　苦瓜的新鮮汁液含有類胰島素活性物質 (即多肽 -P)，是糖尿病患者理想食物。

(6)《全國中草藥匯編》

功用：清熱解毒，平肝，降血壓，降血脂。

瓜肉：除邪熱，解勞乏，清新明目。

葉子：曬乾為末，治一切丹火毒氣，金瘡結毒，脂麻疔，大疔，疼不可忍 (酒下三錢，神效)。

種子：苦甘，益氣壯陽 (治腎火熾盛，早洩)。

主治：中暑、發熱、牙痛、腸炎、痢疾、便血，肝陽上亢之高血壓，及肥胖症。

外用：治疔瘡、腫毒。

(a) 明代以前醫書並無苦瓜的記載。

(b) 明代《救荒本草》、《本草綱目》始列入，傳為三寶太監鄭和下西洋時移植回來的。

(c) 清·王孟英《隨息居飲食譜》云：「苦瓜：青則苦寒，深熟則明目清心；可醬，可腌；熟則色赤，味甘性平，養血滋肝，潤脾補腎。」

藥膳食療方

(1) 苦瓜拌芹菜

材料：苦瓜 150g，芹菜 150g，芝麻醬、蒜泥各適量。

作法：苦瓜去瓤，切成薄片，用開水稍燙一下，再過涼水一遍，將芹菜，苦瓜同拌，加入佐料即可食用。

(2) 苦瓜茶

材料：苦瓜、綠茶

作法：將苦瓜切開，挖去瓤，裝入綠茶，挂於通風處陰乾。將陰乾後的苦瓜取下，切碎混勻，每次 10g 放入杯中，沸水沖泡飲用。

功效：減肥去脂、清熱解暑。

(3) 苦瓜炒蛋

材料：苦瓜、雞蛋、鹽、油。

作法：

(a) 苦瓜洗淨後去瓤，切成薄片，用少許鹽腌 10 分鐘後沖洗。

(b) 雞蛋打勻，熱鍋後放入苦瓜炒熟後再加雞蛋，炒熟上碟。

功效：

(a) 能保護骨骼、牙齒、血管，促進鐵質吸收。

(b) 能健胃，治胃氣痛、眼痛、小兒脹氣。

(4) 苦瓜飲

材料：生苦瓜，白糖。

作法：將苦瓜洗淨，果汁機加入白糖開水適量，涼飲。

功效：具有清熱利濕、降血糖、通竅之效。

(5) 冰鎮啤酒苦瓜

材料：苦瓜 500g、啤酒 500g，蒜蓉、食鹽、麻油 (香油)、醋各適量。

作法：

(a) 將苦瓜洗淨去頭尾，剖為二片。

(b) 將啤酒蹈入保鮮盒，苦瓜浸入啤酒，放入冰箱，冷藏 12 小時，取出切片。

(c) 蒜蓉、食鹽、麻油、醋調製成沾醬，苦瓜蘸汁食用。

(6) 鳳梨苦瓜雞

材料：雞肉 500g，苦瓜 500g，菠蘿一小罐，鹽一小匙。

作法：

(a) 雞肉：沸水燙過去腥。

(b) 苦瓜：去子洗淨切塊。

(c) 將雞肉與苦瓜放入鍋中，加水 5 碗及菠蘿汁，煮開後小火慢煮 30 分鐘。

(d) 將菠蘿切塊入鍋，同煮數分鐘後加鹽即可食用。

(7) 涼拌苦瓜

材料：苦瓜 500g，紅辣椒 30g，香油 2 匙，醬油半匙，豆半醬少許，鹽少許。

作法：

(a) 苦瓜去瓤切片，開水燙一下，冰鎮。

(b) 紅辣椒去蒂，去籽，切成細絲，與蒜泥拌勻，加醬油、豆瓣醬、香油，
　　淋在苦瓜上拌勻即可。

Memo

苦瓜

自苦而不以苦人，有君子之德焉

苧麻

學名：*Boehmeria nivea* (L.) Gaudich.

來源：蕁麻科植物苧麻的粗莖及根

別名：天青地白、家苧麻、真麻、苧仔、袋仔絲、
富貴絲、中國草。

《寄題沙溪寶錫院》（宋 · 歐陽修）
　　為愛江西物物佳，做詩嘗向北人誇
　　青林霜日換楓葉，白水秋風吹稻花
　　釀酒烹雞留醉客，鳴機織苧遍山野
　　野僧獨得無生樂，終日焚香坐結跏

　　早年農業社會，鄉下人家編織麻繩以補貼家用，「唧唧復唧唧，木蘭當戶織」，農家編織麻繩的機杼聲，記憶相當深刻。

　　苧麻應用相當廣，苧麻莖皮纖維是上好的織布原料，也可作為麻繩，同時也是養生藥膳，特色鄉村料理的食材，及疾病防治的良藥，而佛像及藝術品的苧夾工藝，也非苧麻不可。

千年不爛軟黃金

　　史書記載，上古織布以苧為始，而棉布（棉花紡織）則是元朝以後才開始，因此古代衣服質料皆以苧麻為上選，古人云：「上自端冕，下訖草服」差別只在作工是否精細。

　　由於現代紡織工業及成本的考量，衣服布料皆以工業化學合成為主，並蔚為時尚，傳統工藝傳承的技藝逐漸被忽略，近年來透過科學的審視，

發現天然尚介好，苧麻應用於紡織，保健養生，生活工藝，其優點並非現代工業化學合成物所能及。

「輕如蟬翼，薄如宣紙，平如水鏡，細如羅絹」

衣服向來為身份，地位表徵的重要指標，以苧麻纖維編織而成的布料，稱為苧布，生布，夏布是透氣涼爽，保暖兼具的機能性衣服，適合夏天穿著，另一種說法是起源於夏朝因此稱為「夏布」。

苧麻莖皮纖維加工製作衣服，其纖維中間有溝狀的空腔，管壁有很多的孔隙，並且纖維細長，柔韌，質地輕，吸濕散濕快，透氣性比棉布纖維高出三倍，是絕佳的排汗衣布料。

《禪詩》（北宋 · 詩僧重喜法師）
地爐無火一囊空，雪似楊花落歲窮
乞得苧麻縫破衲，不知身在寂寥中

苧麻纖維韌性佳，延伸度小，韌性比棉布高 7 ～ 8 倍，長期穿著，衣服也不易鬆弛變形。

苧麻纖維具有抑菌作用：苧麻根所含的有機酸鹽及生物鹼，對革蘭氏陰性菌及陽性菌，溶血性鏈球菌，金黃色葡萄球菌，綠膿桿菌，大腸桿菌，炭疽桿菌等均有抑制作用，具有防腐，防黴，抑菌功能，很適合製作貼身衣物，例如：內衣，內褲及各種衛生保健用品。

一般的衣服在運動大量流汗後，會有黏膩及汗臭味，苧麻纖維內部具有超微細的孔隙，能吸附空氣中的異味及有毒物質，尤其是甲醛、苯、氨等，自古以來皆為達官貴人所喜愛，其典雅，舒適，涼爽，透氣的優點，古人讚譽為「千年不爛軟黃金」。

夾苧，行像浴佛

夾苧是中國工藝的重要發明，起源於戰國時期，歷經西漢、魏、晉、隋、唐，佛教的佛像塑造，殿宇建築的裝飾藝術大量的採用夾苧工藝，其優點是光亮潤澤，不開裂，經久不蛀。夾苧的材料主要由苧麻纖維，生漆，礦石粉，火山灰，硃砂等調和而成。

　　以夾苧法塑造佛像，主要原因是佛教浴佛行像，夾苧法雕塑佛像，據說是約在東晉（約西元 300 年），由畫家兼雕塑家戴逵所發明，佛教釋迦牟尼佛於西元前 534 年降誕，依照佛教的儀軌，每年的農曆四月八日為釋迦牟尼佛的聖誕，寺院於是日要輦輿出寺，行像浴佛供義以慶祝，而供養在寺院的佛陀塑像，雖然高大莊嚴，但是很重，不易搬動，而行像浴佛又必須抬著佛像巡遶地方，而佛陀聖像又必須高大莊嚴，而以夾苧法塑造的佛陀聖像即高大又莊嚴，重量也輕符合了行像浴佛的要求，成為最佳的方式。

藥用價值

《本草備要》

性味：甘寒而滑

功用：補陰破瘀、解熱潤燥。

主治：治天行熱疾、大渴大狂、胎動下血、諸淋血淋。

搗貼：治赤游丹毒、癰疽發背、金瘡傷折、雞魚骨鯁。

苧汁：能化血為水；漚苧汁；療消渴。

苧皮：與產婦作枕，止血運；安腹止，止產後腹痛。

※ 苧麻葉

成分：含黃酮類、芸香苷、穀氨酸等，具有收斂功效。

功效：涼血、止血、化瘀，治吐血、咯血、血淋、血尿、腔門腫痛、赤白帶下、跌撲損傷、金瘡出血、丹毒、乳癰。

(1)《現代實用中藥》：根、葉並用，治急性淋濁、尿道類出血、肛門腫痛、脫肛不收、婦人子宮炎、赤白帶下。

(2)《永類金今方》：治諸傷、瘀血不散；野苧葉、紫蘇葉，搗爛敷金瘡上。如瘀血在腹內，水絞汁服。

(3)《福建中草藥》：治乳癰初起；苧麻鮮葉、韭菜根、橘葉，同酒糟搗爛，敷患處。

※ 苧麻莖皮

功效：清煩熱、利小便、散瘀、止血。治瘀熱煩、小便不通、肛門腫痛、
　　　血淋、創傷出血。

(1)《得配本草》：治胎前、產後心煩，天行熱疾，兼利小便而通瘀熱。

(2)《救生苦海》：治金刃傷；野苧麻，陰乾，搓熟，取白絨敷之，即止血，
　　　且不作膿。

※ 苧麻根

功效：清熱、止血、解毒、散瘀。

主治：熱病大渴、大狂、血淋、癃閉、吐血、下血、赤白帶下、丹毒、癰
　　　腫、跌打損傷、蛇蟲咬傷。

藥理研究

(1) **抗氧化，保肝作用**：苧麻具有抑制 B 型肝炎病毒作用，長期服用效
　　果更趨顯著，苧麻萃取液有保護肝臟免於自由基攻擊，及降低肝指數
　　GOT、GPT 功效。

(2) **止血作用**：苧麻提取物可使創傷面，出血量減少，出血時間縮短；內
　　服亦有同樣效果。

(3) **抑菌作用**：苧麻根所含有機酸鹽及生物鹼對革蘭氏陽性菌及陰性菌均
　　有抑制作用。有機酸鹽對溶血性鏈球菌、肺炎球菌、大腸桿菌、炭疽
　　桿菌均有高度敏感，生物鹼對沙門氏菌具高度敏感。

(4) **其他**：苧麻根所含三萜類、多酚、綠原酸、黃酮類、香豆精、氨基酸、
　　多醣等均具有抗自由基、抗病毒、抗病菌功效。所含植物甾醇類具有
　　降低膽固醇、抗皮膚發炎功效，綠原酸有抗發炎、抗病菌、抗自由基
　　功效。

藥膳食療方

(1) 苧麻粥

組成：苧麻根 30g，陳皮 10g，粳米 150g，糯米 50g。

作法：

(a) 先將苧麻加水適量浸潤，煎 30 分鐘，去渣留汁。

(b) 將藥汁與陳皮及食材放入砂鍋熬粥食用。

功用：涼血止血、補腎安胎。

主治：血熱崩漏，妊娠胎動下血，及尿血、便血等出血症狀。

(2) 苧麻鱸魚湯

組成：苧麻 30g，鱸魚 300g，生薑 3 片，鹽適量。

作法：

(a) 苧麻加水適量，浸潤後煎煮 30 分鐘，去渣留汁。

(b) 將藥汁與鱸魚，生薑放入砂鍋，隔水燉熟，加鹽即可食用。

功效：補肝益腎，溫胃健脾，安胎止血。

(3) 苧麻山藥粥

組成：山藥 50g，續斷 15g，杜仲 15g，苧麻根 30g，糯米 50g，粳米 150g，大棗 6 粒。

作法：

(a) 先將續斷、杜仲、苧麻根浸潤，加水適量水煎 30 分鐘，去渣，留汁備用。

(b) 粳米、糯米，清水淘洗，加入山藥、大棗藥汁放入砂鍋熬煮成稠粥，即可食用。

功用：固腎、益氣、安胎。

主治：腎虛腰背痠痛，腎氣不足而致習慣性流產，先兆流產，腰痛水腫。

編語：早期民國以苧麻的根、莖做成布料或麻繩等產品，是農民的經濟作物。隨著工業科技的發達，化學合成的布料及尼龍繩取代了苧麻，近年來鄉下也不太常見苧麻的種植。

(4) 苧麻泥 (苧麻粿及湯圓的原料)

作法：

(a) 苧麻嫩葉 300g、水 150c.c.，紅糖適量。

(b) 將苧麻嫩葉洗淨，加水放入果汁機打汁，越細越好。

(c) 將苧麻水加糖慢火熬煮，煮至濃稠呈黑紅色，停火，待冷卻裝入保鮮袋，冰箱保存備用。

編語：苧麻也是一種很有特色的保健養生植物，民間作黏土或湯圓、麻糬餅乾均可應用，以苧麻嫩葉為料的「苧麻粿」也稱「黑粿」或湯圓，在保健及口感上相較「鼠麴粿」及「艾草粿」則較為清香爽口，別有一番風味。

(5) 苧麻粿 (黑草粿)

材料：苧麻泥 80g，糯米粉 300g，花生、紅豆、紅糖各適量。

作法：

(a) 將糯米粉、苧麻泥加入適量冷水揉勻，揉至觸感結實，不黏手。

(b) 麵團搓至湯圓大小。

(c) 湯鍋加水煮至水滾，放入湯圓、花生、紅豆，煮至湯圓浮起即熟。

經驗良方

(1) **療砍傷，跌撲**：敷續筋骨，療瘋狗咬傷。(《分類草藥性》)

(2) **治血淋、臍腹及陰莖澀痛**：苧麻根水煎服，如人行十里，再服。(《太平聖惠方》)

(3) **治小便不通**：苧麻根搗貼小腹連陰際。(《摘元方》)

(4) **治習慣性流產**：苧麻根 (乾品)1 兩，蓮子 5 錢，山藥 5 錢，水煎服。(《福建中藥》)

(5) **治哮喘**：苧麻根 (乾品) 1 兩，和沙糖煮，時時嚼，嚥下。(《醫學正傳》)

(6) **治血熱崩漏**：苧麻根 (乾品) 4 兩，水煎服。

(7) **治癰疽發背，或乳癰初起微赤**：搗苧根敷之，數易。(《梅師集驗方》)

(8) **治跌撲**：野苧根 1 兩，搗碎，好酒煎服，盡量飲醉。(《百草鏡》)

(9) **治蛇咬傷**：鮮苧根搗爛，卷包。(《浙江民間草藥》)

(10) **治雞魚骨鯁**：苧麻根搗汁，以匙挑灌之。(《談野翁試驗方》)

Memo

———————————————————— � ————————————————————

苧
麻

◆

千
年
不
爛
軟
黃
金

降眞香

學名：*Dalbergia odorifera* T. Chen

來源：豆科植物降香檀的樹幹或根部心材

別名：降香、降香黃檀、花梨木、海南黃花
　　　梨木、紫藤香、紫降香、雞骨香。

　　道教《天皇至道太清玉冊》云：「降
真香乃祀天帝之靈香也」。

　　焚香祝禱是道教齋醮法壇祭祀的重
要儀軌，香能通達十方無極世界，靈通
三界，所使用的香也必需是天然、純淨、
馨香的香料，而降真香為經典記載所必
備。

香料合和

　　古人認為燒香並不是全部加以沉香
為材料，而必須配合其他香料為佳，而
加入適量的降真香才能提出至真至純的
香氣，如：《本草綱目》「焚之氣勁且
遠，…… 烟焰經久成紫」。

　　《香譜》宋·洪芻云：「降真香，其
香如蘇枋木，燃之，初不甚香，得諸香
和之，則特香」。

　　宋《香錄》將降真香區分為「番降」、

「土降」及「廣降」三種。

元《真臘風土記》云：「降香，生叢林中，番人頗費砍斫之勞，蓋此乃樹之心耳，其外白，木可厚八、九寸，小者亦可四、五寸」。

真偽：自古「降真香」藥材即有進口與國產之別，進口者主要為印度黃檀 (*Dalbergia sissoo* DC.) 的心材，目前市場所用多為產於海南降香檀的心材，《中華人民共和國藥典》也規定降香檀為「降真香」之正品，而非採用芸香科植物降真香【*Acronychia pedunculata* (L.) Miq.】。

芸香科植物降真香非中藥材「降真香」之來源植物

《證類本草‧卷十二》云：「降真香，出黔南，伴和諸雜香，燒煙，直上天，召鶴得盤旋於上」。

藥用價值

性味：辛溫

入經：入肝、脾二經

功用：理氣鎮痛、行氣活血、袪瘀止血、療金瘡、辟惡氣。

主治：吐血、咯血、金瘡出血、跌撲損傷、瘀血腫痛、腰膝痠痛、心胃氣痛、脘腹疼痛、肝鬱脅痛、胸痹刺痛。

品質：心材呈紫紅色佳。

《本草備要》

功效：辟惡氣怪異，療傷折金瘡，止血定痛，消腫生肌。

命名：焚之能降諸真故名。

豆科植物降香檀

經驗良方

(1)《本草綱目》引《名醫錄》(唐) 云：

「周密被海寇刃傷，血出不止，筋如斷，骨如折，用花蕊石散不效，軍士李高用紫金散掩之，血止痛定，明目結痂如鐵，遂癒，且無瘢痕，其方用紫藤香，瓷瓦刮下研末」。

(2) **治心絞痛、心肌梗塞、腦血管閉塞等病變**：配合川芎、丹參、紅花、赤芍，能行氣活血、化瘀止痛，方劑：冠心二號。

(3) **瘀血停滯作痛**：配合乳香、沒藥、川 (三) 七等藥使用，具有散瘀、鎮痛、止血、生肌、抗菌、消炎功效，代表方劑：身痛逐瘀湯。

(4) **跌打損傷、瘀腫疼痛、胸脇刺痛**：可配合血府逐瘀湯，或降真香配合延胡索、柴胡、紅花、鬱金以行氣活血止痛。

(5) **降真香散 (《太平聖惠方》)**

組成：降真香、木香、麒麟竭、白芷、白斂、黃連、黃柏各等分，研細末。

功效：封閉瘡口，主惡瘡。

用法：敷瘡口，不拘時候。

(6) **胃痛、氣脹、呃逆、嘔吐酸水**：與枳殼、枳實、橘紅、陳皮配合使用，能健胃、醒脾、降氣化痰。

Memo

降眞香

◆

焚之氣勁且遠，烟焰經久成紫

臭梧桐

學名：*Clerodendrum trichotomum* Thunb.
來源：馬鞭草科植物海州常山的嫩莖葉
別名：海州常山、泡花桐、臭牡丹、地梧桐、追風骨。

臭梧桐，其實並不臭

　　草會散發出氣味；有些人對這種味道並不喜歡，相反的，有些人卻特別喜歡這種味道。臭梧桐除了氣味之外，它的葉子很像梧桐葉，因此有了「臭梧桐」的名字。

　　魯迅在西元 1919 年時 (辛亥年)，在紹興府中學任教，課餘時，經常到效外採集植物標本，在《辛亥遊錄》中，形容臭梧桐：「沿堤有木，其葉如桑，其華五出，筒狀而薄赤，有微香，碎之則臭」。

山林隱士 · 臭梧桐

　　臭梧桐花在夏季盛開，雖然沒有春天櫻花的璀璨艷麗，也沒有秋天楓葉的五彩繽紛，臭梧桐不與其它花卉爭奇鬥艷，默默的矗立在山野之中，展現一片綠意盎然的景色，一株株的臭梧桐，群聚在一起，開滿著白色的花朵，與碧藍的天空相互輝映，雖然群蝶飛舞在花叢中，仍不為所動，猶如山林中的隱士，展現出寧靜優雅的風範。

藥用價值

性味：甘苦

功效：

(1) 洗鵝掌風，一切瘡疥。煎湯洗汗斑。

(2) 治溫瘧，胸中痰結，一切風濕，四肢、脈絡壅塞不舒。

(3) 消臌、止痢、降血壓，治偏頭痛。

(4) 治一切癰疽，搗爛敷之。

臨床應用：袪風濕、降血壓，治風濕痹痛、半身不遂、高血壓、偏頭痛、痢疾、瘧疾、痔瘡、癰疽瘡疥。

藥理研究

降血壓的作用機轉：水煎劑具有良好降血壓作用，主要降壓機制是直接擴張血管，神經節的阻斷也有一定的影響。

第一度降壓作用：與直接擴張血管，及阻斷植物性神經節，有密切關係。

第二度降壓作用：可能是通過脊髓以上的中樞神經系統作用，引起部份內臟血管擴張，並與某些內臟感受器有關。

治療高血壓，具有緩和而持久的降壓作用，並有解除高血壓症狀，恢復心臟功能，對抗小動脈痙攣作用，若配合地龍療效更佳。

炮製與採集：臭梧桐的嫩莖葉，在開花前，降血壓效果最佳。結果期或隔年陳葉，療效極低。

水煎劑：加熱過高或過久，會使療效降低。與地龍配合使用，對降血壓有協同作用。

應用及經驗方

(1) 臭梧桐應用於鵝掌風

(a)《醫宗金鑑·外科心法要訣》云：「無故掌心燥癢起皮，甚則枯裂徵痛者，名掌心風，由脾胃有熱，血燥生風，不能榮養皮膚而成。」

(b)《外科正宗·鵝掌風》云：「鵝掌風由足陽明胃經火熱血燥，外受

臭梧桐 ◆ 山林中的隱士，寧靜優雅

寒涼所凝，致皮枯槁，又或時瘡餘毒未盡，亦能致此，初起紫斑白點，久則皮膚枯厚，破裂不已。」

(c) 鵝掌風為手部淺表真菌感染疾病，西醫學稱為「手癬」或「手掌蛻皮症」。主要是皮膚癬菌感染。

(d) 本病多發生於掌心及指頭，夏天發病率最高，男女老少均可得病，常與濕疹併發。

(e) 夏季皮損常見水皰或糜爛滲液，冬季則表現為麟屑及乾燥皸裂。

(2) 臭梧桐浸泡方

組成：臭梧桐葉 30g、當歸 15g、百部 20g、黃柏 15g、花椒 10g、鳳仙花 20g、黑醋 1000c.c.。

製法：將藥物與黑醋同浸半日，煮沸，待適溫時倒入塑膠手套，將患手伸入，紮緊。每日 2 次，每次浸泡 1 小時，療程：連續 7 日為一療程，休息 2 天再浸泡 7 日，直到痊癒。

注意事項：患部有裂傷時，暫停使用。治療期間，不宜使用肥皂洗手。

功用：殺蟲止癢、疏通氣血、潤膚。

主治：灰指甲、鵝掌風。

(3) 臭梧桐滅蝨洗劑

組成：臭梧桐 30g、苦參 15g、蛇床子 15g、鳳仙花 15g、百部 15g。

製法：以水 3000c.c. 水煎，適溫時浸洗患部，每日 2 次，每次 30 分鐘。

功用：殺蟲止癢，消滅蝨子、跳蚤。

適用：坐浴治婦女陰道搔癢及痔瘡、浸浴疥癬等皮膚病。

(4) 豨桐丸《濟世養生集》(清)

組成：鮮豨薟草、鮮海州常山。

製法：豨薟草 (蜂蜜、黃酒) 按
　　　比例蜜，酒吸乾後，蒸
　　　至色黑，味香為度。海
　　　州常山 (鮮葉) 曬乾研為
　　　末，蜜丸。

菊科植物豨薟草

主治：

(a) 肝腎風氣，四肢麻痺，骨痛膝弱，風濕諸瘡，服之補益，安五臟，生
　　毛髮，兼主風濕痺痛。

(b) 治中風喎癖，語言蹇澀，肢緩骨痛，風痺走痛或十指麻木，肝腎風氣，
　　溼熱諸瘡等症。

說明：《飼鶴亭集方》鮮豨薟草，五月五日或六月六日，天喜日採，酒拌，
　　　九蒸九曬，同臭梧桐蜜丸。

藥理：具有抗炎、抗瘧作用。

(a) 抗炎：豨薟草、臭梧桐 (1：2 比例)，對於甲醛性關節炎和蛋清性關節炎，
　　有明顯抗炎作用。

(b) 抗瘧：臭梧桐與豨薟草均有抗瘧原蟲作用。

臨床應用：治風濕關節炎、高血壓、腦動脈硬化，中風、瘧疾、銀屑病。

(a) 風濕性關節疾病：風濕性關節炎、類風濕性關節炎、肥大性關節炎、痛風、風溼熱、肩關節周圍炎、結核性風濕症。

(b) 高血壓、腦動脈硬化、腦血管痙攣：本方臭梧桐具有緩和而持久的降壓作用。

(c) 銀屑病：實驗證明 20 例銀屑病有效率高達 81.8%

炮製：豨薟草主要成分為生物鹼及水楊酸類之衍生物，不宜用水長時間浸泡，防止有效成分溶於水，降低療效。

說明：銀屑病 (乾癬) 皮疹呈環狀，但基底部為淡紅色，浸潤，上覆有多層銀白色鱗屑，剝離鱗屑時，可露出潮紅浸潤及篩狀出血點，無水泡存在，好發於頭項及四肢伸側，和關節面，病情緩慢頑固，不易治癒。

說明：「天喜日」即星相家以奇門遁甲擇定之黃道吉日，按寅卯辰巳午未申酉戌亥子丑十二月支推算，每月各有一吉日，為天喜日。

　　唐‧成訥有《進豨薟表》

　　宋‧張詠《進豨薟表》云：「其草金稜銀鑲，素莖紫荄，對節而生，頗同蒼耳，臣吃百服，眼目清明，即至千服，鬚髮烏黑，筋力輕健，效驗多端。」

Memo

❈

臭梧桐

◆

山林中的隱士，寧靜優雅

草豆蔻

學名：*Alpinia katsumadai* Hayata

來源：薑科植物草豆蔻乾燥近成熟的種子

別名：含胎花、豆蔻、草果、飛雷子。

《本草詩》（清 · 趙瑾叔）

百子堂前草果生，楊梅大種辨須清。

縮砂益智常為伴，神麯烏梅每共行。

溫可散寒中不痛，辛能破滯氣俱平。

相傳紅小鸚哥舌，飲饌元朝製更精。

(1) 草豆蔻：性味甘溫無毒，入脾、肺、胃三經，一名草果，生南海，今嶺南皆存之，苗似薑，二月開花作穗。

(2) 時珍曰：「草豆蔻，大如龍眼，而形微長，皮黃白，薄而稜峭，其人大如砂仁。」

(3) 南人復用一種大楊梅，偽充草果，其形圓而粗，氣味辛猛而不和，不可不辨。

(4) 元朝《飲膳正要》為太醫忽思慧著

《贈別詩》（唐 · 杜牧）

娉娉嫋嫋十三餘，豆蔻梢頭二月初

春風十里揚州路，卷上珠簾總不如

　　春暖花開的二月，草豆蔻花正盛開著，粉紅色，白色的豆蔻花密集成穗的盛開，顯得格外的靚麗，微風吹佛，散發出淡淡的清香，沁人心肺，

剎那間人世間煩惱仿佛早已滌除。

　　草豆蔻的葉片翠綠充滿折生命力，花期約在二月開始，漸次盛開，花姿雅致，馨香可愛，含苞待放時即顯得豐滿而雍容，初綻放時色如芙蓉，穗頭深紅色葉片漸展，花朵漸開，顏色漸淡，粉裡帶紅，猶如青春的美少女，又稱「含胎花」古人有「豆蔻年華」之喻。

藥用價值

《本草備要》

性味：辛熱香散

功用：暖胃健脾、破氣開鬱、燥濕祛寒、除痰化食

主治：

(1) 瘴癘寒瘧、寒客胃痛、霍亂瀉痢、噎膈反胃、痞滿吐酸、痰飲積聚。

(2) 解口臭氣、酒毒、魚肉毒。

禁忌：過劑、助脾熱、耗氣損目。

比較：

(1) 草豆蔻：閩產為草蔻，如龍眼而微長，皮黃白，薄而稜峭，仁如砂仁而辛香氣和。

(2) 草果：滇廣所產名草果，如訶子，皮黑厚而稜密，子粗而辛臭。

經驗良方

(1) **治胃口冷，吃食無味，及脾瀉不止，兼治酒後數圊如痢，心胸不快，不思飲食**：草豆蔻半兩 (麵粿煨，候麵焦黃，去麵用)，甘草、肉桂、陳皮、蠻薑 (高良薑) 各 1 兩，研細末，每服一錢半。(《博濟方‧草

荳蔻散》)

(2) **香口辟臭**：草豆蔻、細辛，為末含之 (《肘後方》)

(3) **豆蔻散** (《聖濟總錄》)

組成：肉豆蔻 15g，紅豆蔻 15g，草豆蔻 15g，白豆蔻 15g，細辛 3g，丁香 15g，桂心 30g，甘草 15g，人參 15g，赤茯苓 15g。

製服法：上藥搗羅為散，每次服 3g，溫開水調下不拘時服。

功效：芳香化濁、健脾和中、行氣消積，治脾胃失和、中焦寒濕所致口臭。

禁忌：脾胃蘊熱者慎用。

(4) **桂香散** (《蘇沈良方‧卷五》)

主治：脾胃虛弱，並婦人脾血久冷。

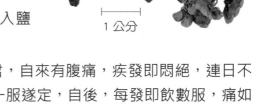

組成：高良薑 (剉炒香熟)、草豆蔻、甘草、白朮、縮砂肉、厚朴各 1 兩，青橘皮、訶子肉各半兩，肉桂 1 分。

1 公分

製服法：上藥同為末，每服二錢，入鹽少許，沸湯點空心服。

編語：此藥偏療腹痛，天台‧呂使君，自來有腹痛，疾發即悶絕，連日不差，有一道士點此散飲之，一服遂定，自後，每發即飲數服，痛如矢去，予得之，累與人服，莫不神驗。

藥膳食療方

(1) **草豆蔻肉桂鴨**

組成：鴨肉約 1000g，草豆蔻 15g，肉桂 6g，生薑，蔥，醬油

作法：

(a) 草豆蔻，肉桂加水 700ml，浸潤後煎煮 30 分鐘，去渣留汁。

(b) 將藥汁，鴨肉，蔥，生薑放入鍋中，文火煮至六分熟，加入醬油適量，

滷熟，加入紅糖適量，至鴨肉呈紅亮時撈出，均勻塗上香油即可。

功效：溫中合胃、暖腎助陽，治胃潰瘍、脘腹冷痛、反胃嘔吐、肢冷腰痠
等脾腎陽虛症候。

(2) 豆蔻烏骨雞

材料：烏骨雞一隻，草豆蔻 15g，草果 6g，鹽適量

作法：將草豆蔻、草果搗碎布包，塞入雞腹內，加鹽塗抹均勻，隔水蒸熟
即可。

功效：補虛益氣、健脾助消化，適用於慢性腸胃炎、結腸炎、脘腹脹悶、
胃中冷痛、食慾不振、大便溏瀉、消化不良、噁心嘔吐。

禁忌：腸胃濕熱者不宜食用。

營養成分

種子含揮發油，主要成分為桉葉素 (Cineole)。金合歡醇 (Farnesol)、
山薑素 (Aipinein)、小豆蔻素 (Cardamonin) 具有健脾助消化、燥濕祛寒
功效。

迷迭香

學名：*Rosmarinus officinalis* L.

來源：唇形科植物迷迭香的全草

別名：海之朝露、萬年老、神聖之草、
　　　聖馬麗亞的玫瑰。

　　迷迭香在三國曹魏時期即遠從地中海來到中國，古代的醫學家廣泛的應用於薰香辟穢，現代則有更多用途，例如芳療、清潔、護膚、安神、舒壓，以及餐桌上佳餚的配料等。

《迷迭香賦》（一）曹丕

　　余植迷迭於庭，嘉其揚條吐香，馥有令芳，乃為賦曰：

　　　　生中堂以遊觀兮，覽芳草之樹庭

　　　　重妙葉于纖枝兮，揚修乾而結莖

　　　　承靈露以潤根兮，嘉日月而敷榮

　　　　隨回風以搖動兮，吐芬氣之穆清

　　　　薄西夷之穢俗兮，越萬里而來徵

　　　　豈眾卉之足方兮，信希世而特生

《迷迭香賦》（二）曹植

　　　　播西都之麗草兮，應青春而凝暉

　　　　流翠葉于纖柯兮，結微根於丹墀

信繁華之速實兮，弗見凋于嚴霜

芳暮秋之幽蘭兮，麗昆侖之英芝

既經時而收采兮，遂幽殺以增芳

去枝葉而特禦兮，入綃縠之霧裳

附玉體以行止兮，順微風而舒光

迷迭香是一種具有芳香氣息的香草植物，在溫暖的陽光及微風中釋放出香氣。

迷迭香通常生長在乾燥的沙質土壤中，葉呈線形，無柄，表皮為灰白色，或淡藍色，花朵腋生，全年開花，精油貯存在葉片表面肉眼無法看見的胚狀細胞中，因此用手碰觸到莖幹及葉片時，會釋放出芳香的樹脂精油。

藥用價值

(1)《海藥本草》唐·李珣云：「性平，不治疾，燒之袪鬼氣，合羌活為丸散，葉，燒之辟蚊蚋，此外別無用矣」。

(2)《本草拾遺》唐·陳藏器云：「迷迭香，味辛無毒，主惡氣，令人衣香」。

(3)《桂海香志》宋·范大成云：「迷迭香出西域，焚之去邪」。

(4)《法苑珠林·卷三十六》云迷迭香，魏略云：「大秦出迷迭。廣志云：迷迭出西海中。」

(5)《國藥藥理學》「芳香健胃，亢進消化機能」。

(6)《中國藥植圖鑑》「強壯，發汗，健胃，安神」。能治各種頭痛；和硼砂作成浸劑，能防止禿頭。

藥理研究

(1) **催經**：迷迭香製劑在婦科中可作催經藥，對更年期的神經紊亂所引起的月經過少或停經，可加速月經來潮。

(2) **治慢性膽囊炎**：能促進膽汁的代謝。

(3) **催眠作用**：迷迭香鹼能加強大腦皮層的抑制過程，有催眠及抗驚厥作用。

(4) **對心血管作用**：降血壓，此乃由於對心臟的抑制及擴張血管作用。

(5) **抗菌作用**：迷迭香葉所含的揮發油，對金黃色葡萄球菌，大腸桿菌，霍亂弧菌等有較佳的抗菌作用。

(6) **防止禿頭，掉髮**：迷迭香與蜀葵根作成的混合精油，可促進頭髮生長，防止掉髮。

(7) **止血作用**：能降低毛細血管的滲透性及血管的脆性。

藥膳食療方

(1) **迷迭香醉雞**

材料：土雞一隻 (約 600g)、紹興酒半瓶、米酒半碗、迷迭香嫩枝葉 (四枝各約 10cm)、枸杞子 30g，生薑、鹽各適量。

作法：

(a) 將土雞清洗汆燙後，瀝乾備用。

(b) 砂鍋放入土雞及水，水需滿過土雞一半以上，大火煮開，改用小火煮10 分鐘，將雞肉翻轉再煮 5 分鐘，熄火，燜 10 分鐘。

(c) 將雞肉抹鹽、米酒，放涼切塊，雞湯備用。

(d) 砂鍋放入 5 杯雞湯及迷迭香，煮開後，續煮 5 分鐘，去渣，加入枸杞子，煮開後，停火，倒入紹興酒。

(e) 將其餘雞湯倒入雞肉，放入冰箱，冷藏浸泡約 1 天即可使用。

(2) 馬鈴薯烤迷迭香

材料：馬鈴薯 5 顆，奶油適量，新鮮迷迭香一小撮，鹽、黑胡椒各適量。

作法：

(a) 將馬鈴薯外皮洗淨，切條狀。

(b) 熱鍋，放入奶油及一半迷迭香，爆香，放入馬鈴薯條。

(c) 轉小火，上蓋，悶 15 分鐘，每隔 5 分鐘翻攪一次，以免烤焦，馬鈴薯稍軟後，轉中火，放入適量的鹽及黑胡椒，將其餘的迷迭香放入。

(d) 烤箱微烤 10 分鐘即可。

(3) 冰鎮迷迭香檸檬茶

材料：迷迭香 (新鮮 3 枝)、紅糖 120g、檸檬 1 顆、水 1000c.c.

作法：

(a) 檸檬切半榨汁備用。

(b) 將水煮開後，放入迷迭香，紅糖，香氣大出，即停火，放涼後加入檸檬汁，冰箱冷藏即成。

迷迭香

◆

味辛無毒，主惡氣，令人衣香

馬齒莧

學名：*Portulaca oleracea* L.

來源：馬齒莧科植物馬齒莧的全草

別名：寶釧菜、長命菜、五行草、豬母乳、不死菜、
　　　九頭獅子草。

馬齒莧的名稱由來及故事

　　在臺灣馬齒莧有個「俗擱有力」的名稱「豬母乳」，早期農家飼養豬隻，為了節省飼料的支出及促進哺乳期母豬發奶，都會採豬母乳來餵豬，豬母乳也正農家餐桌上的一道可口野菜，許多餐廳也拿來做料理，稱為「寶釧菜」。

寶釧菜，見證堅貞不渝的愛情

　　傳說唐朝、宰相王允之女寶釧，在一次郊遊途中，遭遇色狼調戲，幸好窮書生薛平貴相救，平貴文武雙全，於是芳心暗許，巧妙安排「拋繡球招親」，但王允反對婚事，寶釧於是搬離相府，最後與薛仁貴落腳在武家坡的一處寒窯。不久西涼國兵變反唐，薛平貴投筆後戎，留下寶釧苦守寒窯，平貴屢有戰功，但在一次戰役中兵敗被俘，並被招為駙馬爺，此後艱辛的歲月「王寶釧苦守寒窯十八冬」衣食無繼，經常以馬齒莧充飢，最後盼到仁貴歸來，堅貞而淒美的愛情，最後有了圓滿的結局，而馬齒莧因此也稱「寶釧菜」。

馬齒莧很像馬齒

(1) 馬齒莧的莖梗紅色，肉質肥厚，多橫向分枝，枝高約 10 ～ 20 公分，葉片呈長橢圓形或卵形，先端圓鈍，形狀似馬的牙齒，因此稱「馬

齒莧」。

(2) 馬齒莧也稱「五行草」

　　葉子是綠色 (木)，莖梗帶赤紅色
(火)，花為黃色 (土)，根部白色 (金)，
種子是黑色 (水)，契合中醫學五行相生
的原理。

(3) 馬齒莧也稱長命菜，能治蜂窩組織炎

　　唐代、安史之亂，諸侯藩鎮佔據各
地，叛亂平安之後，唐憲宗派宰相武元衡
任西川節度史，但武元衡上任不久，脛骨
發膿瘡，感染蜂窩組織炎，高燒不退，皮
膚搔癢難耐，憲宗請太醫治療，毫無效
果、性命垂危，家臣獻上祖傳秘方，用新
鮮馬齒莧搗敷傷口，另以馬齒莧煎服，藥
效如神，不久痊癒，此後馬齒莧也被人們
稱為「長命菜」。

藥用價值

《本草備要》

性味：酸寒

功用：散血、解毒、祛風、殺蟲

主治：諸淋疝痢、血癖、惡瘡，小兒丹毒 (搗汁飲，以渣塗之)，利腸、
　　　滑產。多年惡瘡敷二至三遍即瘥。

燒灰、煎膏：塗禿

品質：葉如馬齒，有大小兩種，小者入藥，氣弱而味殊，味微酸而有黏性，
　　　葉多而青綠色佳。

馬齒莧應用於肛裂

　　肛裂指肛門皮膚全層裂開，形成「梭形潰瘍」呈現周期性疼痛的疾病。

特徵：好發於肛管前後方，兩側極少，男性：多見於後側；女性：多見於
　　　前側。

主要臨床表現：周期性疼痛，出血，便秘。大便時肛門劇烈疼痛，拌有少
　　　量出血，大便乾燥時更痛。

※ **周期性疼痛：**

(1) 此為肛裂特有症狀，常因排便引發，排便時因肛管擴大及糞便通過，
　　刺激肛管的潰瘍面，引起肛門灼痛或刀割樣疼痛，一般持續到便後數
　　分鐘，繼之為緩解期，疼痛稍減。

(2) 再繼之：因括約肌持續性痙攣而發生劇烈疼痛，可持續數小時之久，
　　使患者坐立不安，十分痛苦，一直到括約肌疲勞鬆弛後，疼痛才逐漸

緩解。

(3) 病情嚴重時：咳嗽、打噴嚏均可誘發疼痛，肛裂疼痛可向骨盆腔及下肢放射。

※ **出血**：大便時出血，但血量不多，呈鮮紅色，有時會染紅衛生紙，或附著於糞便表面，有時會滴血。

※ **便秘**：多數患者有習慣性便秘，由於便秘引發肛裂，患者又因恐懼大便時疼痛，不願排便，形成惡性循環，使便秘更加嚴重。

※ **早期肛裂**：肛管皮膚上可有小梭形潰瘍，創面較淺，邊緣整齊而有了彈性，未合併其它病理改變，較容易治療。

※ **陳舊性肛裂**：多因早期肛裂未獲適當治療，反覆感染，刺激括約肌，使其經常處於收縮狀態，造成創口引流不暢，邊緣不整齊，變硬變厚，裂口周圍組織發炎、充血、水腫，使淺層靜脈及淋巴回流受阻，引起肛緣皺壁水腫，結締組織增生，在裂口下端形成贅皮性外痔。裂口上端的齒線附近，常併發肛竇炎、肛乳頭炎，單口內瘻，及肛乳頭肥大。潰瘍基底，因炎症刺激結締組織增生，形成瘢膜帶，妨害括約肌鬆弛。

中醫學病因病機：

(1) 本病主要是由於外感六淫，內傷七情，飲食不節，下焦鬱熱，熱結腸躁，致陰虛津乏，而致大便燥結，排便努掙，使肛門裂傷。

(2) 或因濕毒入侵，局部氣血瘀帶，失去濡潤，久潰不癒，引起本病。

※ **馬齒莧坐浴方** (單味使用)

主治：痔瘡、肛裂，疼痛，出血，潰瘍。

藥膳食療方

(1) 蛋炒馬齒莧

組成：雞蛋 5 個、白花馬齒莧 100g。

調味料：醬油、鹽、米酒各適量。

作法：

(a) 馬齒莧摘去老葉及根，洗淨，切小段；雞蛋打均備用。

(b) 將馬齒莧及蛋液拌勻，加入調味料。

(c) 炒鍋入油熱鍋，倒入食材炒熟即可。

口感：香嫩鬆軟滑口，風味特殊。

(2) **馬齒莧拌豆腐**

組成：馬齒莧 80g、豆腐 200g。

調味料：麻油、鹽、醬油、白芝麻各適量。

作法：

(a) 馬齒莧去根及老葉，洗淨，沸水略燙，撈出，瀝乾，切段。

(b) 豆腐加適量麻油、鹽、醬油拌炒，食用時灑上白芝麻即可。

Memo

馬齒莧

◆

寶釧菜，見證堅貞不渝的愛情

馬蘭

學名：*Aster indicus* L.

來源：菊科植物馬蘭的全草

別名：馬蘭頭、紅梗菜、開脾草、紫菊、雞兒腸、路邊菊。

錢乙·宋朝太醫，著有《小兒藥證直訣》，是中醫小兒科的鼻祖。

某日錢乙看診完畢，晚上和朋友喝酒聊天，其中有一道下酒菜是錢乙的妻子在河邊採回來的野菜。忽然遠處傳來小孩子的哭嚷聲，不一會兒，母親帶著嚎啕大哭的小孩來到診所求診。一見錢乙連忙哭著說：「小孩頑皮，在山上玩耍，腳被毒蛇咬傷，疼痛不已，請神醫救救孩子。」

錢乙瞧了小孩的傷口，發覺真的很嚴重，但是街上的藥舖早已休息了，該如何取得藥材呢？忽然靈光一閃，桌子上的馬蘭頭，不就是治療毒蛇咬傷的特效藥！馬上抓了幾大把的馬蘭給那位婦人，告訴他回去後將野菜洗淨，傷口消毒後，將野菜搗爛敷在傷口，一部分野菜切段，用麻油、醬油等調味料煮給小孩子吃。婦人回家後遵照錢乙的吩咐，一一照辦，小孩的病情很快就痊癒了。

藥用價值

《本草綱目》

性味：辛平、無毒。

主治：破宿血，養新血，止鼻衄，吐血，合金瘡，斷血痢，解酒疸，及諸菌毒、蠱毒。

生搗塗：蛇咬。

《大明》：主諸瘧，及腹中急痛，痔瘡。

《本草備要》

性味：苦微辛，性涼。

入經：入陽明血分。

功用：與「澤蘭」同功，能涼血。

主治：吐血，衄血，口瘡，舌瘡。

※ 現代醫學

馬蘭含有豐富的無機鹽。每 100g，含鈣 145mg、磷 69mg、鉀 530mg、維生素 A 含量超過番茄，維生素 C 含量超過柑橘等水果。

功效：清熱解毒、散瘀止血、消滯、止痛。

臨床應用：感冒發熱、咳嗽、急性咽喉炎、扁桃腺炎、流行性腮腺炎、傳染性肝炎、十二指腸潰瘍、小兒疳積、腸炎、痢疾、吐血、崩漏、月經不調。

外用：治癰腫毒、乳腺炎、外傷出血、毒蛇咬傷。

用法用量：5 錢至 1 兩；鮮品搗爛敷患處。

經驗良方

(1) **血熱妄行之出血症**：配合仙鶴草、側柏葉等止血藥。

(2) **咽喉腫痛**：配合板藍根、雷公根等清熱解毒藥。

(3) **濕熱黃疸**：配合茵陳、山梔、大黃。

(4) **濕熱下注，小便淋瀝痛**：配合鳳尾草、萹蓄、瞿麥、海金沙、車前草。

(5) **毒蛇咬傷**：

    (a) 新鮮馬蘭洗淨搗爛敷患處。

    (b) 或配合野菊花、半邊蓮同用。

(6) **敗毒抗癌 (急性白血病有出血現象)**：生地 1 兩，馬鞭草 1 兩，白花蛇舌草 1 兩，白花丹 5 錢，夏枯草 5 錢，水煎服。

(7) **濕熱炎症、腸炎**：馬蘭 1 兩，馬齒莧 5 錢，車前草 5 錢，白草霜 3 錢，水煎服。

(8) **熱淋**、**尿澀**：鮮馬蘭 1 兩，黑豆 3 錢，小麥 3 錢，酒水各半煎，食前溫服。

(9) **吐血**、**衄血 (涼血散瘀)**：馬蘭 1 兩，雞角薊 1 兩，百草霜 3 錢，水煎服，並用鮮馬蘭塞鼻中。

(10) **喉痺口緊**：用鮮馬蘭搗汁，入米醋少許，逼鼻中或灌喉中，取痰自開。

藥膳食療方

(1) 馬蘭，色澤碧綠，莖肥葉嫩，清香可口，可炒食，也可涼拌或曬成乾菜備用。

(2) **馬蘭炒玉筍**：鮮嫩馬蘭，嫩筍片，同炒氣味清香可口。

(3) **涼拌馬蘭**。

(4) **馬蘭炒雞肉**：鮮馬蘭切碎加入雞肉、火腿同炒，加入鹽、白糖，淋上麻油拌勻。

(5) **馬蘭紅燒獅子頭**：做紅燒肉或獅子頭時，用鮮馬蘭葉墊底，一併食用。

(6) **馬蘭茶**：馬蘭 20g、紅棗 10g，水煎代茶飲。治濕熱帶下 (涼血解毒)。

馬蘭

◆

清熱解毒、散瘀止血

Memo

❈

骨碎補

學名：*Drynaria fortunei* (Kunze ex Mett.) J. Smith

來源：水龍骨科植物槲蕨的根狀莖 (簡稱根莖)

別名：猴薑、毛薑、爬岩薑、猢猻薑、骨碎補、大飛龍、龍眼癀。

藥用價值

性味：苦溫

功用主治：

《本草備要》

(1) 苦溫補腎：故治耳鳴及腎虛
久瀉。

研末入豬腎煨熟，空心服。

腎主二便，久瀉多屬腎虛，不可專責脾胃也 (《本草備要》)

1 公分

經曰：腎者，胃之關也，前陰利水，後陰利穀。

(2) 腎主骨：故治折傷，牙痛。

(3) 又入厥陰 (心包，肝)：能破血、止血。

臨床應用：

(1) 治腎虛腰痛、耳鳴、耳聾、牙痛、牙齒鬆動、筋骨損傷、瘀血作痛、
風濕關節炎。

(2) 外治：斑禿、雞眼、白癜風。

(3) 骨折：以功命名，粥和敷傷處。(《本草備要》)

(4) 齒牙浮動，疼痛難忍：骨碎補五錢，補骨脂五錢，水煎服。(明中堂)

(5) 治雞眼：骨碎補五錢，打成粗末，用 75％ 酒精 100ml，浸沒三日備用，使用時先將雞眼用溫水浸泡柔軟，再將外層厚皮削去，塗擦骨碎補浸劑，每日 4～6 次，擦後有輕微痛感，數分鐘後即不痛，約 10～15 日內痊癒。

(6) 護齒：牙痛，炒黑為末，擦牙嚥下。(《本草備要》)

(7)《本草新編》：「骨碎補，味苦氣溫，無毒，入骨，用之以接補傷碎最神，療風血積疼，破血有功，止血亦效」。同補血藥用之尤良，其功有不可思議之妙。同補腎藥用之，可以固齒。同失血藥用之，可以填竅，不止祛風接骨獨有奇功也。

藥理研究

(1) 有促進骨對鈣的吸收作用：能提高血鈣及血磷水平，有助於鈣和骨質形成。

(2) 水煎劑能刺激關節軟骨組織細胞增生：改善應力性造成關節軟骨的退行性病變。

(3) 能預防血脂升高：有降血脂作用，並防止主動脈壁粥樣硬化及斑塊形成。

(4) 可提高動物耐缺氧能力，增強心臟收縮力。

(5) 有明顯鎮痛作用。

(6) 水煎劑：有解除鏈霉素對第八對腦神經及三叉神經下頜枝毒性作用。

經驗良方

壯筋續骨丹 (《傷科大成》)

功效：壯筋續骨，用於骨折、脫位、傷筋中後期。

製服法：其研細末，蜜丸，早晚各服 15 粒，溫酒下。

藥膳食療方

(1) 骨碎補瘦肉湯

組成：豬瘦肉 200g、白木耳 30g、大棗 10 粒，米酒、生薑、食鹽各適量，
　　　骨碎補 50g、杜仲 30g

作法：

(a) 瘦肉洗淨，白木耳浸潤切絲。

(b) 將杜仲、骨碎補加水 800ml，浸潤後煮 40 分鐘，去渣，留汁，加入食材，
　　米酒煮熟，加鹽即可食用。

功效：補腎活血，用於腎虛久瀉、風濕痹痛、齒痛、耳鳴。

(2) 骨碎補粥

組成：骨碎補 30g、附子 10g、乾薑 10g、粳米 15g、鹽適量

作法：將骨碎補、附子、乾薑加水適量，浸潤後煮 40 分鐘，去渣加入食
材煮粥。

功效：關節疼痛、屈伸不利、晝輕夜重、遇寒更痛。

(3) 骨碎補排骨湯

組成：骨碎補 30g、杜仲 20g、薏苡仁 30 g、排骨 600 g，米酒、生薑、
鹽各適量

作法：

(a) 骨碎補、杜仲加水 800ml，浸潤後煮 40 分鐘，去渣，留汁備用。

(b) 將食材與藥汁燉煮至熟爛，即可食用。

功效：腎虛腰痛，或骨質疏鬆及筋骨疾患，續筋壯骨。

Memo

❧

荷葉

學名：*Nelumbo nucifera* Gaertn.
來源：蓮科植物蓮花的葉子
別名：蓮、荷花、芙蕖。

花語

荷：其花葉清秀，花香淡雅，沁人心肺，迎驕陽
　　而不懼，出污泥而不染，是真善美的化身，
　　吉祥豐盛的預兆。

以荷葉為食的法師《驚奇集》

　　隋朝、開皇三年，凝觀寺釋法慶法師，用夾紵塑造一尊本師釋迦牟尼佛的立像 (紵麻布塗膠漆，中間是空的)，佛像高一丈六尺，但佛像尚未塑好，法師已經往生，同一天寶昌寺釋大智法師，死後三日復活，對人說往生時在閻羅殿看見法慶法師臉色憂戚，接著看到一尊紵夾佛像到閻羅王處，閻王下階恭迎，合掌頂禮。

　　佛像對閻王說：「法慶還我，佛像還沒造好，為什麼要他死！」閻王問左右的人：「法慶該死嗎？」答曰：「壽命未終，但已經沒有食祿了。」閻王說：「把荷葉拿來給他吧！」說完之後，法慶法師隨即不見。

　　大智法師復活後，即時派人到凝觀寺瞭解法慶法師近況，是否真像在

閻王殿所見。果然法慶法師又復活了，有人問他死後情形，回答的情形果真與大智法師所說完全一致。此後，法慶法師常以荷葉為食，佛像塑好之後，屢次大放光明，凝觀寺雖然年久破舊，但佛像依然莊嚴供人禮拜。

荷葉藥用價值

《本草備要》

別名：遏、蓮葉

性味：苦平

功用：其色青，其形
　　　仰，其中空象震，
　　　感少陽甲膽之氣。

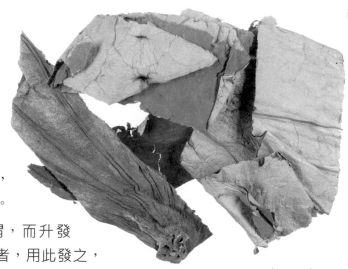

1 公分

燒飯、合藥：裨助脾胃，而升發
　　　陽氣，痘瘡倒靨者，用此發之，
　　　能散瘀血、留好血。

主治：吐衄、崩淋、損傷、產瘀，一切血證。

※ 荷梗：清暑通氣

※ 荷花瓣：辟暑滌煩，沁肺悅心。

荷葉藥理研究

(1) **降血脂**：「荷葉鹼」可擴張血管，清暑解熱，降血壓、降血脂。

(2) **減肥**：荷葉含荷葉鹼能減重消脂，服用後在人體的腸壁上形成一層脂肪隔離膜，有效抑制脂肪吸收。

(3) **防癌、抗衰老**：荷葉含豐富的黃酮類物質，可清除自由基，提高SOD(超氧化物歧化酶) 的活性，減少 MDA(脂質過氧化物丙二醛)，及 OX-LDL(氧化低密度脂蛋白) 的形成。

(4) **增加冠狀動脈血流量**：抗心肌梗塞，對急性心肌缺血，具有保護作用。

藥膳食療方

(1) 荷葉減肥茶

組成：荷葉 5g、生山楂 5g、生薏仁 5g、綠豆 5g

功用：輕身降脂、化食導滯

應用：肥胖症，及濕熱所致大便黑而秘結，胸膜脹悶，或痔瘡便血。

(2) 荷葉茯苓粥

口感：有淡淡清香的荷葉味

組成：荷葉 3g、茯苓 (搗碎)3g、大棗 5 個、枸杞 10g、粳米 150g

作法：荷葉加水煎煮 20 分鐘，去渣、留汁，用以煮粥。

功效：清暑祛濕，寧心安神，健胃整腸，改善失眠現象。

(3) 荷葉飯

組成：荷葉四張、麥門冬 9g、枸杞子 9g、桂圓肉 9g、紅糖 9g、糯米或紫
　　　米 300g

作法：

(a) 荷葉洗淨，糯米浸潤蒸 20 分鐘備用。

(b) 將糯米及其它藥材用荷葉捲成長條狀 (像春捲)，荷葉要抹油，蒸 30
　　分鐘，即可食用。

功效：滋陰補血，養顏消脂。

荷葉能治療腎囊風

(1)《外科正宗》云：「腎囊風乃肝經風濕而成，其患作癢，喜浴熱湯，甚者，疙瘩頑麻，破流脂水。」

又名繡球風，初起者，乾燥作癢，繼則，丘疹奇癢難忍，搔破則浸淫脂水，遷延日久，則局破皮膚變硬脫屑，陰囊緊縮，狀如繡球，故名。

(2) 治療原則：祛風除濕，清熱解毒 (但亦不可過服寒涼藥)

(a) 內服：龍膽瀉肝湯

(b) 外用：荷葉蛇床湯浸浴

組成：荷葉 (燒存性)、苦參、蛇床子、土茯苓各 15g

製法：煎湯去渣，浸泡或洗浴患處，每次 20 分鐘，每天 2 ～ 3 次

功效：清熱除濕，消腫止癢。

(3) 本症相當於西醫：股癬或陰囊濕疹，神經性皮炎。

荷葉能治療黃水瘡

(1) 黃水瘡：又稱「滴膿瘡」、「天疱瘡」，是一種發生於皮膚，有傳染性的化膿性皮膚病。

(2)《外科正宗·黃水瘡》云：「黃水瘡於頭、面、耳、項忽生黃泡，破流脂水，傾刻沿開，多生痛癢。」

(3) 黃水瘡相當於西醫的「膿皰瘡」，特徵是顏面、四肢等暴露部位膿皰、膿痂。多見於兒童，好發於夏秋季，可併發腎炎、敗血症。

(4) 黃水瘡荷葉外治方

組成：荷葉 (燒存性)、青黛、黃柏、蒼术，研細末，香油調勻，敷患處，一日數次，有特效。

魚腥草

學名：*Houttuynia cordata* Thunb.

來源：三白草科植物蕺菜的全草

別名：魚腥草、蕺、臭瘥草、狗貼耳、折耳根。

藥用價值

1 公分

成分：每 100g 嫩莖葉含碳水化合物 6g、蛋白質 2.2g、脂肪 0.4g、鈣 74mg、磷 53mg、揮發油(甲基正壬酮、丹桂油烯、羊脂酸、月桂醛 0～49mg)、魚腥草素、蕺菜鹼和多種維生素。

性味、歸經：辛微寒，歸肺經。

功效：清熱解毒、消腫排膿、利尿通淋。治肺癰、扁桃腺炎、肺膿瘍、肺熱咳嗽、小便淋痛、水腫，外用治癰腫瘡毒、毒蛇咬傷。

用法、用量：不宜久煎，15～30g，鮮品用量宜加倍，水煎或搗汁服；外用適量，搗敷或煎湯汁熏洗患處。

禁忌：本品含揮發油，故不宜久煎。虛寒體質及陰性瘡瘍者不宜。

臨床應用：

(1) 內服：有利尿、解毒、消炎、排膿、袪痰作用。

(2) 實驗證明：對肝硬化、靜脈曲張出血有良效。

(3) 中醫臨床證明：對肺膿瘍、瘡、癰等化膿性炎症有效。

說明：本品陰乾後，不但沒有腥味，而且有淡淡芳香，揮發出一種類似肉桂的香氣。煎出汁液色如淡紅茶，細細品嚐有類似紅茶的味道，芳香而略有澀味，毫無苦味，對腸胃也無刺激性。

藥理研究

(1) **抗微生物作用**：抑制金黃色葡萄球菌、流感桿菌、肺炎雙球菌。

(2) **抗肺結核**：能延緩小白鼠實驗性結核病變的發展，並延長壽命。

(3) **利尿作用**：擴張毛細血管，增加腎血流量即(尿液分泌量)，所以應用於尿路感染的頻尿澀痛。

(4) **增強免疫系統作用**：能提高慢性氣管炎患者白血球吞噬作用。

(5) **抗腫瘤作用**：能提高癌細胞中的 cAMP，而抑制艾氏腹水癌。

(6) **抗輻射作用**：能促進機體組織再生，即抗輻射等作用。

經驗良方

(1) **肺癰吐膿痰**：魚腥草 1 兩、桔梗 5 錢、甘草 3 錢，水煎服。

(2) **肺熱咳嗽、咯痰帶血 (或急性支氣管炎、肺結核)**：魚腥草 1 兩、車前草 1 兩、甘草 2 錢，水煎服。

(3) **小兒高熱、驚風、腸病毒、大人肺炎、熱嗽、氣喘**：魚腥草 1 兩、黃荊 (埔姜，馬鞭草科)1 兩、鉤藤 3 錢，水煎服。

(4) **遍身生瘡 (多發性瘡癤)**：魚腥草嫩葉和麵粉作餅。

(5) **癰疽發背、疔瘡腫毒 (不拘已潰未潰)**：濕紙包裹鮮魚腥草，置灰火中煨熱，取出搗爛敷患處。

(6) **黃疸發熱 (膽囊炎)**：魚腥草 2 兩，水煎溫服。

(7) **心臟病、心紋痛**：鮮魚腥草放入口中生嚼，一日二、三次。(功效：緩

解疼痛，連續久服效果更佳。)

(8) **子宮內膜炎、子宮頸炎、附件炎、赤白帶下腥臭、下腹痛**：魚腥草 1 兩、蒲公英 1 兩、金銀花 1 兩，水煎服。

(9) **盲腸炎、小兒疳積、食傷積滯、腹痛瀉痢**：鮮魚腥草絞汁，每次一湯匙，開水沖服。

(10) **癰疽不破頭、膿排不出**：鮮魚腥草導爛貼患處，能出膿 (止血、止痛、消炎、防腐)。

(11) **彈頭、竹、木刺，刺入肌肉**：魚腥草 (又名代刀草) 以濕紙包裹搗爛貼之，有吸出彈片、刺之效。

(12) **肺癰胸痛**：魚腥草 1 兩、蘆竹 5 錢、瓜蔞 3 錢、冬瓜子 3 錢、桃仁 3 錢、薏仁 1 兩、浙貝 3 錢，水煎服。

(13) **複方魚腥草酊**

主治：慢性毛囊炎、多發性瘡節

組成：魚腥草 30g、連翹 30g、銀花 30g、何首烏 30g。

製服法：酒精萃取 1200c.c.。

方義：

(a) 魚腥草：對金黃色葡萄球菌抗菌作用明顯，並能促進白血球對金黃色葡萄球菌吞噬能力。

(b) 連翹配合銀花：抗菌效果更顯著，對於耐藥性金黃色葡萄球菌所致的敗血病有效，其機制與二者抑制菌體蛋白質合成有關。

藥膳食療方

(1) **涼拌魚腥草**：取嫩莖葉，洗淨後切成 2 ～ 3 公分小段，加入醋、醬油、辣椒粉等佐料，涼拌生吃，清脆爽口。

(2) **魚腥草鹹菜**：腌漬加工成鹹菜，酸香生脆。

(3) 魚腥草拌蘆筍：

材料：蘆筍 300g、鮮魚腥草 50g，蔥、蒜各 10g，生薑、鹽、醬油、香油
　　　各適量。

做法：將蘆筍削去粗皮，切斷，沸水燙熟後，加鹽備用，嫩魚腥草切段，
　　　清燙後馬上撈出。蔥花、薑末、蒜米攪拌，淋上香油即可食用。

功效：清熱解毒、化痰祛濕，治肺熱咳嗽、小便黃而少或熱痛。

(4) 蕺菜山楂湯 (《嶺南草藥誌》)

組成：魚腥草 60g、山楂 9g，水煎代茶飲。

功效：

(a) 魚腥草：解大腸熱毒、健胃消食。

(b) 山楂：消脂減肥、活血、助消化，治痢疾。二者配伍應用，效果益佳。

說明：

(a) 魚腥草又稱蕺菜，在日本稱十藥 (Houttuymiae Herba) 新鮮的魚腥草帶有一股濃郁的魚腥味，因此得名。陰乾後，不但沒有魚腥味，而是帶有肉桂般的芳香味，水煎煮之後，湯液猶如淡紅茶，口感亦有類似紅茶的口感，毫無苦澀與腥味，藥性溫和，亦不傷胃。

(b) 魚腥草具有良好清熱解毒作用，為治療肺癰 (肺膿瘍) 要藥，臨床治療肺炎，急性支氣管炎，腸炎，腹瀉療效甚佳。

(c) 具有利尿作用：可治泌尿系統感染疾病。

(d) 能增強機體免疫功能，及白細胞吞噬能力，並具有鎮痛、止咳、止血及促進組織再生，擴張毛細血管，增加血流量等作用。

Memo

❈

魚腥草

◆

清熱解毒、消腫排膿、利尿通淋

黃花蜀葵

學名：*Abelmoschus manihot* (L.) Medik.

來源：錦葵科植物黃花蜀葵的全草

別名：黃蜀葵、野芙蓉、山羊桃、蜀葵
（《宋‧嘉佑本草》）。

藥用價值

《本草綱目》

※ 花：甘寒、無毒。

主治：小便淋及催生，治諸惡瘡膿水、久不瘥
者，作末敷之即癒，為瘡家要藥。消癰
腫，浸油塗湯火傷。

※ 子及根：

主治：利小便、通乳汁，治癰腫、五淋水腫、
產難。

(1) 砂石淋痛：黃蜀葵(花)1兩為末，米飲下1錢，
名「獨勝散」。

(2) 小兒口瘡、小兒木舌：黃蜀葵(花)研末敷之。

(3) 湯火灼傷：黃蜀葵(花)末，麻油塗，勿犯
人手。

臨床應用：

功用：利尿消腫、排膿消炎。

主治：阿米巴痢疾、尿路結石、水腫、
　　　疔瘡、癰疽、水火燙傷、風濕
　　　性關節炎。
常用劑量：乾品 15 ～ 30g(鮮品
　　　30 ～ 90g)

藥理研究

(1) 黃蜀葵花又名野芙蓉花，民間把它做為珍貴食用花卉。

　　明・李時珍《本草綱目》將花研末，稱獨勝散，用於治療結石、癰疽
腫毒等症。

　　美國《化學文摘》研究指出：從黃蜀葵花中分離出五種黃酮單體，其
中最主要有效成分「金絲桃苷」含量約為 1.8％。

(2) 鎮痛作用：鎮痛作用小於嗎啡，大於阿斯匹靈，其作用機理不同於嗎
　　啡類、阿斯匹靈類鎮痛藥，而是「鈣離子阻斷劑」，以通過阻止人體
　　鈣離子進入神經細胞內達到鎮痛作用，尤其值得重視的是「其無依賴
　　性」。

(3) 安徽醫學研究所：

　　(a) 用黃蜀葵花煎劑：治療口腔潰瘍，其止痛、消炎顯著。

　　(b) 黃蜀葵花在改善心、腦血管及微循環、抗疲勞等方面優於阿斯匹靈。

補遺

　　本 種 與「香 葵 (*Abelmoschus moschatus*
(L.) Medicus，亦稱黃葵)」相似，「香葵」
原產於台灣、中國南方，常被視為「黃蜀
葵」，兩者花萼不同，是不同品種。

香葵為臺灣常見藥用植物，人們經
常將其與「黃花蜀葵」混淆。

菊花

學名：*Chrysanthemum morifolium* Ramate

來源：菊科植物菊花的頭狀花序

別名：菊仔、菊。

菊花（《本草百味詩》）

百花爭艷我獨隱，凌霜開放花露凝

東籬瘦菊今安在，不為斗米效淵明

　　菊花花姿高雅脫俗，花色清麗，可以入藥治疾，可作湯茗，也是觀賞價值很高花，當百花凋謝，秋景蕭條，唯有菊花破霜盛開，花姿昭展，繁英似錦。

藥用價值

《神農本草經》（上品）

性味：苦平。

功效：主諸風頭眩、腫痛、目欲脫、淚出、皮膚死肌、惡風濕痺等。

久服：利氣血、輕身、耐老、延年。

《本草備要》甘菊花

性味：味兼甘苦，性稟和平。

功用：

(1) 備受四氣，飽經霜露，得金水之精居多。

(2) 能益金水二臟，以制火平木。木平則風息，火降則熱除。

主治：

(1) 故能養目血，去翳膜 (與枸杞相對蜜丸，永無目疾)

(2) 治頭目眩暈，散濕痺遊風。

白菊花：味甘，長於平肝明目。

黃菊花：味苦，瀉熱力較強，長於疏散風熱。

野菊花：花小味苦者名苦薏，非真菊 (真菊延齡，野菊泄人)

養生茶飲

《本草經百種錄》云：凡芳香物，皆能治頭目肌表之疾，但香無辛燥者，惟菊不至燥烈，較於頭目風火之疾尤宜，今菊花多用於泡茶或入藥用。

1 公分

(1) 菊花山楂飲

組成：菊花 10g、山楂 5g、銀花 5g，沸水沖泡。

功用：消脂化淤、清涼降壓、減肥輕身。

主治：肥胖症、高血脂症、高血壓症。

(2) 菊花竹葉茶

組成：白菊花 10g、陳皮 5g、山楂 5g、鮮竹葉 10g、1000c.c. 沸水沖泡飲用。

功用：清熱袪濕、開胃健脾。

(3) 菊花蜜飲

組成：菊花、蜂蜜。

功效：養肝明目、生津止渴、清心健腦、潤腸。

(4) 菊花烏龍茶

組成：白菊花、烏龍茶。

功效：有排除及抗有害化學物質及輻射物質的功效。

(5) 三花茶

組成：菊花 5g、銀花 5g、茉莉花 3g，開水沖泡。

功用：清涼降火、寧神、清熱解毒。

主治：防治風熱感冒、咽喉腫痛、癰瘡。

(6) 菊花桑葉飲

組成：菊花 10g、桑葉 5g、枇杷葉 5g。

功效：可治療秋燥犯肺引起的發熱、口乾唇燥、咳嗽等症；可預防流行性感冒，流行性腦膜炎。

(7) 八寶菊花茶

組成：菊花 5g、銀花 3g、陳皮 3g、胖大海 3g、山楂 3g，綠茶、紅棗、冰糖各適量。

其他養生應用

(1) 菊花護膝

組成：菊花、熟艾各適量，裝入布袋中作成護膝。

功用：袪風除濕、消腫止痛。

主治：可治鶴膝風關節炎、關節炎、骨質疏鬆引起之痺痛。

(2) 菊花酒 (《奇效良方》明 ‧ 方賢)

組成：菊花、杜仲、防風、黃耆、附子、乾薑、桂心、當歸、石斛、紫石
　　　英、肉蓯蓉、萆薢、獨活、鐘乳粉、茯苓，浸五日。

主治：治男女風濕寒冷、腰背痛、食少羸瘦、噓唏少氣，去風冷，補不足。

(3) 穀精草湯 (《審視瑤函 ‧ 卷四》)

組成：穀精草 5g、白芍 5g、荊芥穗 5g、元參 5g、連翹 5g、草決明 5g、
　　　菊花 5g、龍膽草 3g、桔梗 3g。

製服法：剉為粗末，水 400c.c.，燈心 10 段，煎服。

主治：濕熱內蘊，積於肝膽，眼目生翳。

(4) 養生枕

　　南宋詩人‧陸遊素有「收菊為枕」的習慣，他在《劍甫詩稿》中寫道：

「余年二十時，尚作菊枕詩、採菊縫枕裡，餘香滿室生。」，《偶復採菊縫枕，淒然有感》：「採得菊花做枕囊，曲屏深悶幽香，喚回四十三年夢，燈暗無人斷腸」，晚年所做《老態詩》更是對菊花情有獨鍾：「頭風作菊枕，足痺倚藜床」。

　　菊花枕於中醫臨床素有「聞香祛病」的治療原則。

(a)《本草綱目》

云：「菊：味甘苦，性微寒，有清熱解毒，平肝明目之功。

主治：諸風頭眩腫痛，目欲脫 (眼壓↑) 淚出，皮膚死肌，惡風溼痺，

久服：利氣，輕身，耐老、延年…」

(b) 作枕：明目，葉：亦明目；生熟並可食。養目血，去翳膜，肝氣不足。

(c) 其苗：可蔬，葉：可啜，花：可餌，根實：可藥。

材料：甘菊花 1000g、川芎 400g、白芷 200g、牡丹皮 200g 裝入枕頭套內，
　　　使藥效慢慢揮發，一般每個枕頭可連續使用半年左右。

　　睡眠時，頭部的溫度及壓力使藥物有效成分散發出來，通過呼吸道，進入血液循環，從而達到安定精神、紓解壓力、降腦壓、明目等養生保健的功效。

Memo

❈

◆

東籬瘦菊今安在，不為斗米效淵明

菴摩勒果

學名：*Phyllanthus emblica* L.

來源：大戟科植物餘甘子的成熟果實 (根、樹皮、葉亦供藥用)

別名：油甘子、喉甘子、滇橄欖、餘甘子。

《更漏子 · 餘甘湯》(宋 · 黃庭堅)

「菴摩勒，西土果，霜後明珠顆顆，憑玉兔，搗香塵，稱為席上珍」

「號餘甘，爭奈苦，臨上馬時分付，管回味，卻思量，忠言君試嚐」

油甘好尾味，查某子呷貼心

每年春末夏初之際，餘甘子會開出一串串黃色小花，到了夏天就會結成果實，成熟的果實成黃綠色，一口咬下，滋味有酸酸澀澀，慢慢細嚼，會有餘甘，久久不退。從前市集上會有小販，將鳥梨仔和餘甘子做成糖葫蘆販賣，小孩子比較喜歡鳥梨仔做成的糖葫蘆，酸酸甜甜的；大人們卻喜歡餘甘作成的糖葫蘆，餘甘在口，回味無窮，且能生津解渴。

品嚐油甘的滋味「先苦後甘」，猶如父母養育子女的辛勞，從前的農

業社會重男輕女，總認為生女兒，辛苦養育，將來長大就嫁人是賠錢貨。其實不然，當父母年老或病苦需要照顧時，女兒總是排除萬難，回到娘家細心照料父母。因此臺灣諺語云：「油甘好尾味，查某子呷貼心」。

佛教經典上記載的菴摩勒果

(1)《大唐西域記》：「阿羅摩伽，印度藥果名也」、「阿育王於拘尸那城東方建『雞園伽藍』，旁有一塔，名菴摩羅伽」。

(2)《慧琳音譯》：「阿摩勒果，此云：無垢」。

(3)《維摩詰經·弟子品》：「阿摩勒果，型似檳榔，食之除風冷」。

(4)《楞伽經》：「如來者，現前世界，猶如掌中視阿摩羅果」。

(5)《阿育王經·卷五》：「我本為人王，於宮得自在，無常為自相，不久而磨滅，能為療治者，唯有聖福田，今我無醫藥，願今見濟度，此半阿摩勒，是我最後施，小施而福廣，是故應攝受」。

(6)《楞嚴經》：記載佛陀的弟子阿那律嗜睡，佛陀講經說法時，大眾專心聽講，唯獨阿那律打瞌睡，佛陀斥責他：「咄咄汝好睡，螺獅蚌蛤類，一睡一千年。」阿那律十分慚愧，日夜精進用功，七日七夜不睡，導致兩目失明，佛陀憫念，教他『樂見照明金剛三昧』，獲得天眼通，觀三千大千世界，如觀掌中菴摩羅果。

(7) 菴摩羅果是餘甘子，不是芭樂：

　　《南方草木狀》：「樹葉細，似合歡，花黃，食似李，青黃色，核圓作六七稜，食之先苦後甘。」

　　《本草綱目》：「菴摩落迦果，其味初食苦澀，良久更甜，故曰：餘甘。」

藥用價值

(1) 性味、歸經：

　　(a) 果：甘、酸、澀，涼。入肺、胃經。

(b) 根：淡，平；葉：辛，平。

(c) 樹皮：甘、酸，寒。

1 公分

(2) 功效：

(a) 餘甘子 (果實)

功用：清熱、涼血、健胃、助消化、生
　　　津止咳、潤肺化痰。

主治：咽喉腫痛、咳嗽、口乾煩渴、腹脹、消化不良、維生素 C 缺乏症、
　　　淋巴結核。

(b) 根

功用：消食、利水、化痰、殺蟲。

主治：胃痛、泄瀉、瘰癧、高血壓。

(c) 葉

功用：袪濕、利尿。

主治：皮膚濕疹、水腫。

葉曬乾做枕蕊：透氣又帶淡淡的香味，能安眠紓壓。

(d) 樹皮

功用：驅蟲、袪腐、止血。

主治：口舌生瘡、金瘡出血、痔瘡、陰囊濕疹。

《本草綱目》(果實)

(1) 性味：甘寒，無毒。

(2) 功用：風虛熱氣、補益強氣。

(3) 取子壓油塗頭：生髮、去風癢、令髮生如黑漆也。

(4) 主丹石傷肺，上氣咳嗽。久服：輕身，延年長生。

(5) 為末湯點服：解金石毒、解硫磺毒。

經驗良方

(1) **治感冒發熱、咳嗽、咽喉腫痛**：新鮮餘甘子 (剖開)30 粒，水煎服。

(2) **治哮喘**：橄欖 30 粒，豬肺適量，同煮食。

(3) **治魚骨刺鯁塞，或河豚中毒**：滇橄欖生吃，吞汁。

(4) **促進頭髮生長，使白髮反黑的護髮劑**：餘甘子切碎，燒存性，橄欖油適量，煮沸，塗抹頭髮。

(5) **腹痛、腹瀉**：新鮮餘甘子與檸檬汁，加水適量，果汁機攪拌飲用。

(6) **治糖尿病、高血壓、高血脂症**：新鮮餘甘子 20 顆、苦瓜 200g，加水適量，果汁機打汁，每日飲用，可促進胰島素分泌，降血脂、降血糖，對長期視力疲勞、眼壓高的人，很有幫助。

藥膳食療方

(1) **醃餘甘子 (素)**

材料：餘甘子 1000g、食鹽約 1 碗、甘草 1 兩，開水少許。

作法：

(a) 餘甘子沖洗乾淨、瀝乾，將每粒餘甘子都用刀子略剖。

(b) 取潔淨玻璃罐置入餘甘子，一層餘甘子，一層鹽，甘草數片，上蓋，置陰涼處靜置 30 天，即可食用。

(c) 湯汁可沖泡飲用，果實當零食。

功效：益胃潤肺、消脂護肝。

(2) **餘甘牛蒡湯 (素)**

材料：餘甘子 30 粒、紅棗 10 粒、牛蒡約 100g、素羊肉適量、食鹽少許。

作法：將食材放入鍋中煮熟即可食用。

功效：益腸胃、助消化、養顏、降脂。

(3) 餘甘排骨湯

材料：餘甘子 10 粒、大棗 5 粒、枸杞 10g，玉米、香菇、食鹽、大蒜各適量，
　　　排骨 1 斤。

作法：排骨汆燙後，將其他食材放入鍋中，燉煮 40 分鐘，即可食用。

功效：同上。

藥理研究

(1) 抗愛滋病逆轉錄酶 (HIV-1 RT) 作用

(2) 防癌、抗癌作用

　(a) 餘甘子 (果實) 萃取液：能阻斷致癌物 N- 亞硝基化合物的合成，阻
　　　斷率達 90％以上。

　(b) 抗誘變、抗致畸作用：水提取液能明顯減弱重金屬鹽鎳 (Ni)、銫
　　　(Cs)、二氧化硫 (SO_2)、鋅 (Zn) 等對骨髓細胞的毒化作用。

(3) 抗炎作用

　(a) 餘甘子能明顯抑制組織胺所致的毛細血管通透性增強，及白血球滲
　　　出，具有顯著抗發炎及抗滲出作用，劑量愈大，抗炎效果愈好。

　(b) 能顯著抑制急性炎症的發展，改善及緩解炎性的症狀。但對慢性炎
　　　症的作用不明顯。

(4) 降血脂及抗動脈粥樣硬化

　(a) 餘甘子是一種良好的降血脂藥物，治療糖尿病脂質代謝紊亂所引起
　　　的高血脂症，效果高於維生素 E。

　(b) 對動脈粥樣硬化、微血管病變、神經系統併發症，及單純性肥胖症
　　　都有良效。

(5) 治腸病毒及抗腹瀉作用

　(a) 餘甘子對小兒脾虛所致腹瀉有良效，對某些病原菌有殺滅及抑制作

用。

(b) 對小孩病毒性腸炎有療效，但對毒性較強的痢疾桿菌則無效。

(6) 抗氧化作用

　　脂質過氧化 (LPO) 與癌症、衰老、免疫系統疾病、心血管疾病、休克、癌症、輻射損傷等均有密切關聯，餘甘子具有良好抗脂質過氧化作用，及保護血管內皮功能。

(7) 抗衰老作用

(a) 衰老的主要根源是自由基過多，及脂質過氧化物 (LPO) 含量增高，超氧化物岐化酶 (SOD)，則有清除自由基，保護細胞的抗衰老作用。

(b) 餘甘子能降低 LPO 含量，提高紅血球 SOD 活性及鋅 (Zn)、銅 (Cu) 的水平，而有抗衰老，延緩老化作用。

(8) 保肝作用

(a) 餘甘子水提取物對「撲熱息痛」(百服寧退熱止痛劑) 硫代乙醯氨 (化工原料)、D- 半乳糖氨 (具干擾肝細胞 DNA 作用) 所致的急性肝損傷，有明顯保護作用。

(b) 對四氯化碳所引起的慢性肝損傷，具有保護肝細胞，減少肝損傷，抗肝纖維化作用，並能明顯降低血清 SGPT，膽固醇、脂質，而達到保肝作用。

(9) 抗潰瘍作用

　　餘甘子對於消炎藥物所致的消化道潰瘍，胃黏膜分泌物及氨基已醣增多，有保護作用。(與抗氧化作用有關)

(10) 調節免疫功能

(a) 餘甘子能增強 T 細胞的活性，並有抗拮依賴性細胞介導的細胞毒性，對腫瘤患者脾臟的殺手細胞 (NKcell)，或 K 細胞活性具有增強作用。

(b) 餘甘子能誘生白細胞干擾素 (預防或治療病毒感染或腫瘤)，其強度比黃耆略低，比板藍根略強。

(11) 解毒作用

(a)《本草綱目》李珣曰：「為末湯點服，解金石毒」。宗奭曰：「黃金得餘甘則體柔，亦物類相感相伏也，故能解金石之毒」。

(b) 餘甘子有解金屬毒作用：重金屬離子會使體內蛋白質的結構產生不可逆轉的改變 (體內的酶不能催化化學反應，使得細胞膜表面的載體不能輸入營養物質，排出代謝廢物，肌凝蛋白及肌動蛋白不能無法完成肌肉收縮)，因此細胞無法獲得營養，代謝廢物，產生能量。

(c) 解毒作用與餘甘子含豐富維生素 C，沒食子酸，鞣質等成分有關。

(d) 餘甘子含豐富維生素 C，是一種廣泛性抗癌、抗畸變、抗裂變的有效成分，也是一種抗氧化劑，可抑制化學變異，並使體內氧化穀胱甘肽 (GSSG) 還原成穀胱甘肽 (GSH)，而 GSH 可與重金屬結合而排出體外。

(e) 沒食子酸、鞣質等成分具有酚酸性，易與某些金屬結合而排出體外。

Memo

菴摩勒果

◆

油甘好尾味，查某子呷貼心

萱草

學名：*Hemerocallis fulva* (L.) L.

來源：百合科植物萱草的花或根

別名：忘憂草、金針、中國母親花、宜男草、療愁、
　　　一日百合、鹿劍、諼草。

《偶書》（元 · 王冕）

今朝風日好，堂前萱草花；

持杯為母壽，所喜無喧嘩。

《萱草》（唐 · 蘇東坡）

萱草雖微花，孤秀能自拔；

亭亭亂葉中，一一芳心插。

　　古代遊子臨出遠門時，總會在母親房前或後院，種植萱草，以表達孝心，希望母親因照顧和欣賞萱草，心靈有所寄託，而忘卻思念子女的憂煩，因此也名「忘憂草」，並且相信欣欣向榮的萱草，象徵在外打拼的遊子，平安、順利，又稱「中國母親花」。

(1) 根及花：可入藥，稱為萱草根、金針花。

(2) 葉片：乾燥後，可製成萱紙，是上等的國畫及書法用紙。

(3) 花蕾可作菜，稱金針花或黃花菜。

(4) 嫩莖：稱為「金針筍」或「碧玉筍」，是餐廳常見的料理菜。

(5) 金針花：花色鮮艷，花形秀雅，是園藝及插花的絕佳素材。

《遊子吟》（唐・孟郊）

慈母手中線，遊子身上衣，

臨行密密縫，意恐遲遲歸，

誰言寸草心，報得三春暉。

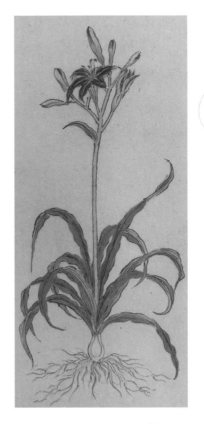

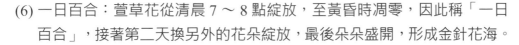

萱草 ◆ 萱草雖微花，孤秀能自拔

《本草綱目》李時珍曰

(1) 萱：本作諼。諼，忘也，詩曰：「焉得諼草，
言樹之背」，謂憂思不能自遣，故欲樹此
草，玩味以忘憂也。（故曰：忘憂草）

(2) 吳人謂療愁

(3) 董子云：「欲忘人之憂，則贈之丹棘，一
名忘憂，故也。」

(4) 嵇康《養生論》云：「神農經言中藥養性，
故合歡，蠲忿；萱草忘憂。」

(5) 懷妊婦女佩其花，則生男；故名宜男。

(6) 一日百合：萱草花從清晨 7 ～ 8 點綻放，至黃昏時凋零，因此稱「一日
百合」，接著第二天換另外的花朵綻放，最後朵朵盛開，形成金針花海。

藥用價值

(1) 萱草 (花)

《本草綱目》

性味：甘涼

主治：煮食治小便赤澀、身體煩
熱，除酒疸，消食利濕熱，
利胸膈，安五臟，令人好
歡樂無憂，輕身明目。

189

營養價值：

(a) 所含胡蘿蔔素超過胡蘿蔔，所含鐵質超過菠菜 20 倍，富含維生素，是補上極佳食品。

(b) 含豐富的卵磷質，有健腦、抗老化功效，故有「健腦菜」之稱。

(c) 能安眠、抗憂鬱，又能降血壓、降膽固醇。

(2) 萱草根
《本草綱目》

主治：砂淋、下水氣、酒疸黃
　　　色遍身、大熱、衄血、
　　　乳癰腫毒。

藥理：

(a) 抗結核桿菌，抗吸血
　　蟲作用。

1 公分

(b) 利尿作用：對不同疾病引起
的浮腫，有不同程度的利尿作用，對腎臟所引起水腫，利尿作用明顯。

毒性：(秋水仙鹼) 本品毒性大，毒性主要集中在根部。

中毒表現：為腦、脊髓白質部和視神經纖維索軟化和髓鞘消失，灰質部病
　　　　　變一般較輕。肝、腎細胞有不同程度的濁腫，肺臟有出血或斑塊出
　　　　　血。瞳孔放大，對光反應消失，下肢癱瘓。出現蛋白尿、糖尿及葡
　　　　　萄糖耐性降低。

萱草根需適當炮製才可使用：

(a) 加熱至 60 度以上，可使毒性減弱，甚至破壞。

(b) 萱草根口服在體內蓄積性大，不可長期服用，在方劑中加入黃連、黃
柏，可減弱其部份毒性。

(c) 萱草根在民間方，常應用於肝病或惡性腫瘤，必須久煮，以免中毒。

(d) 劑量不可過大 (9 ～ 15g)，過量可導致失明。

萱草根應用於腮腺炎

(1) 流行性腮腺炎

臨床特徵：單側或雙側腮腺腫痛

(2) 主要表現：大多無前驅症狀，起病急，發熱、頭痛、惡寒、食慾不佳，單側或雙側腮腺腫大、疼痛，頷下腺或舌下腺及頸部明顯腫脹，或舌頭脹，而有加嚥困難。

(3) 中醫學：本病屬「痄腮」、「蛤蟆瘟」，台灣人稱「生豬頭邊」。

(4) 治則：疏風清熱，解毒散結。

(5) 普濟消毒飲加萱草根

組成：黃芩、黃連、元參、陳皮、甘草、牛蒡子、馬勃、連翹、薄荷、僵蠶、板藍根、升麻、柴胡、桔梗、萱草根。

功用：清熱解毒、疏風散熱。

主治：風熱疫毒上攻之大頭瘟，見惡寒發熱，頭面紅腫焮痛，目不能開，咽喉不利，舌燥口渴，又治痄腮病。

萱草 ◆ 萱草雖微花，孤秀能自拔

藥膳食療方

(1) **涼拌金針菜**

組成：金針菜 (金針花)30g、海帶絲 30g，醬油、香油、鹽各適量。

作法：先用溫水將金針浸泡，與海帶同煮，煮熟後瀝乾放涼，加入調味料，即可食用。

功效：能清熱生津、解毒，治腮腺炎、食慾不佳、煩

躁口渴。

(2) 萱草忘憂湯

組成：金針 1 把、遠志 15g、酸棗仁 15g、北蟲草 20g、香菇 3 朵，豆腐、
生薑、食鹽各適量。

作法：

(a) 將遠志、酸棗仁加水適量，浸潤後煮 30 分鐘，去渣留汁。

(b) 將藥汁及金針、香菇、北蟲草、生薑、豆腐同煮，煮熟後加入食鹽調
味即成。

功用：滋陰安神、定喘、祛痰、鎮靜。

主治：思慮過度、情志抑鬱、虛煩失眠、咳嗽痰多、虛汗、盜汗等症。

(3) 萱草忘憂湯 (養生茶飲)(《醫醇賸義》)

組成：桂枝 3g、白芍 5g、甘草 12g、鬱金 6g、合歡花 6g、廣陳皮 3g、川
貝母 6g、半夏 6g、茯神 6g、柏子仁 6g、金針花 30g。

製服法：水煎，代茶飲。

主治：憂愁太過、忽忽不熱、灑淅寒熱、痰氣不清。

(4) 忘憂醉雞

組成：金針 100g、土雞 1 隻 (約 600g)、紹興酒 1 碗、梅醋 200ml、鹽 3
大匙、枸杞子 15g，生薑適量。

作法：

(a) 土雞切塊約蒸 40 分鐘，蒸熟後撈起，立即用冰水浸涼。

(b) 紹興酒，食鹽攪拌均勻。

(c) 土雞放入醃泡約 4 小時。

(d) 金針汆燙後與梅醋一起醃製，冰箱冰鎮約 4 小時，入味即可食用。

(5) 金針燴百合

組成：乾金針 50g、新鮮百合 150g、綠蘆筍 300g、(肉絲 150g、蒜頭 5 瓣)，鹽、香油、冰糖、太白粉各少許。

作法：

(a) 金針浸潤。

(b) 百合，綠蘆筍汆燙。

(c) 起油鍋，爆香蒜頭末，放入肉絲、百合、蘆筍、金針。

(d) 調味後，勾芡拌炒即可食用。

(6) 羊奶頭雞湯

組成：土雞 1 隻、羊奶頭 300g、乾金針 50g、枸杞子 15g，紅棗、黑棗各 10 粒，米酒 1 碗，生薑、鹽各適量。

作法：

(a) 羊奶頭加水 4000ml，浸潤後煮 30 分鐘，去渣留汁備用。

(b) 放入土雞及其它食材，隔水燉 30 分鐘即可食用。

Memo

—————————————— ❈ ——————————————

葎草

學名：*Humulus scandens* (Lour.) Merr.

來源：桑科植物葎草的全草

別名：流氓藤、霸王草、割人藤、山苦瓜、鐵五爪龍。

綠衣婆婆少人識・獨立路旁蔓舞姿
桀驁不馴一身刺・專治痢疾肺癆病

刺牙牙的流氓藤

在鄉下很容易看到一種叫「流氓藤」的植物，葉子形狀為掌狀五深裂，像龍爪，有人稱「鐵五爪龍」，邊緣有粗鋸齒，葉的兩面皆有粗糙的剛毛，藤蔓有小逆刺，不小心碰觸會刮傷肌膚，農家視為雜草。

葎草莖葉的倒刺鉤，絲絲相扣，攀爬到其它植物上，纏繞而彼此交結，農民如果不小心碰觸到它，莖葉就會像魔鬼氈似的黏附在衣服上。農家視它為惡名昭彰的雜草，但在中醫藥學者的眼裡，卻是「肺結核病的良藥」。

果樹、蔬菜病蟲害防治

葎草雖然在農家很惹人怨，但也是很有效的有機驅蟲劑。方法是將葎草、博落回、百部等浸泡萃取，用於果樹、蔬菜及茶樹的病蟲害防治。

藥用價值

《本草綱目》

氣味：甘苦寒無毒

主治：主五淋、利小便、止水痢、除瘧、虛熱渴，治傷寒、汗後虛熱、療膏淋、久痢、疥癩。潤三焦、消五穀、益五臟、除九蟲、辟瘟疫、敷蛇蠍傷。

現代醫學：

功用：清熱解毒、利尿消腫。

主治：肺結核病、胃腸炎、痢疾、感冒發熱、肺炎、腎盂炎、急性腎炎、泌尿道結石、痔瘡、癰毒、瘰癧。

外用：適量搗敷，治癰癤腫毒、濕疹、毒蛇咬傷。

藥理：莖葉萃取液對革蘭氏陽性及陰性菌、金黃色葡萄球菌有顯著抑制作用。

葎草可治急、慢性腸炎

「泄瀉」指排便次數增多，糞便稀薄，甚至如水樣，一年四季均可發病，但最常見於夏、秋季節。

西醫學：胃腸、肝膽、胰腺等某些病變均可引起急慢性腸炎、胃腸神經官能症、食物中毒等。

中醫學：本病主因為脾虛濕盛，內因七情所傷，外因六淫之邪。

(1) 六淫之邪：以寒、濕為主，因為脾喜燥而惡濕，濕傷脾，升降失常，

脾不化濕，水走腸間，因而泄瀉。

(2) 七情內傷：以憂思抑鬱為主，苦思難釋則傷脾，怒傷肝，氣並於肝，脾土受邪，脾傷失運，升降失常，清濁不分，則下痢泄瀉。

　　飲食所傷：進食不潔之物，或過饑過飽，起居無常則陰受之，入五臟，則腹閉塞，下為飧泄，久為腸澼。

(3) 命門火衰：脾胃運化失常，亦可發為泄瀉。

※ 葎草浴足劑

組成：葎草 100g、苦參 50g、蒼朮 30g、花椒 15g。

用法：水煎待適溫浴足，每次 30 分鐘，每日 2 次，15 天一個療程。

主治：慢性胃腸炎、腸胃激燥症。

葎草合劑

1. 主治：各型肺結核病、肺膿瘍、急慢性肺炎、氣管炎、胸部刺痛、氣虛倦怠、低熱、咳嗽。

2. 功用：鎮咳、祛痰、抗炎、鎮痛、平喘、抗癆，治各型肺結核。

3. 組成：葎草 150 g、百部 50 g、白及 50 g、夏枯草 25 g、糖 200 g。

4. 加水煎煮濃縮至 500 毫升。服法：每日三次，每次 20 毫升。

5. 藥理分析：

(1) **葎草 (參見前述)**

　　莖葉乙醇浸液對格蘭氏陽性菌有顯著抑制作用。花、果穗對結核桿菌有顯著抑制作用，對金黃色葡萄球菌亦有抑制作用。

(2) **百部**

　　(a) 性味、功用：甘苦微溫，能潤肺。

　　(b) 主治：肺熱咳嗽、骨蒸傳尸、疳積疥癬。有小毒，殺蚘蟯蠅蝨、一切樹木蛀蟲。

　　(c) 李時珍曰：「百部亦天冬之類，故皆治肺而殺蟲。但天冬寒 (熱嗽)

宜之；百部溫（寒嗽）宜之。」

(d) 藥理：

對金黃色葡萄球菌、肺炎球菌、大腸桿菌、痢疾桿菌有抑制作用。

百部生物鹼能降低呼吸中樞興奮性，抑制咳嗽反射而鎮咳。

對組織胺引起的平滑肌痙攣，有鬆弛作用。

(3) 白及

(a) 性味、入經：味苦而辛，性濇而收，入肺經。

(b) 功用：止吐血，肺損者能復生之。

(c) 主治：治跌打骨折，湯火灼傷，惡瘡癰疽，敗疽死疽，去腐逐瘀生新，除面上皯皰，塗手足裂，令人滑肌。

(d) 台州獄吏憫一重囚，囚感之云：「吾七犯死罪，遭刑拷，肺皆損得一方，用白及末、米飯日服，其效如神。」後囚凌遲剖開胸，見肺傷，開數穴，皆白及填補，色猶不變。

(e) 藥理：

止血：作用與所含黏液質有關，能使紅血球凝集，形成人工血栓。

抗菌：對結核桿菌有顯著抑制作用。

(4) 夏枯草

(a) 性味：辛苦微寒，氣秉純陽。

(b) 功用：補肝血，緩肝火，解內熱，散結氣。

(c) 主治：瘰癧濕痺，目珠夜痛。

(d) 臨床：用於肝陽上亢之高血壓，肺結核及淋巴結炎、淋巴系統腫瘤。

(e) 藥理：

抗菌：對肺結核桿菌、痢疾桿菌、傷寒桿菌、霍亂弧菌、大腸桿菌、變形桿菌、綠膿桿菌、溶血鏈球菌均有顯著抑制作用。

降血壓：全草、莖葉、穗均有降血壓作用；但穗作用較慢。

蒲公英 （經常誤用中草藥）

學名：*Taraxacum mongolicum* Hand.-Mazz.(蒲公英)

來源：菊科植物蒲公英及其同屬多種植物的全草

別名：黃花地丁、奶汁草、燈籠花。

臺灣蒲公英

西洋蒲公英

《蒲公英》

在寒風中

舒開嶄新的綠葉

在冷露裡

露出金色的臉龐

嗅醒沉寂的大地

點綴整座山野

轉眼間

心花怒放

不自覺

花絮披向滿山遍野

即時生命週期不長

也要繽紛燦爛

讓莖葉入藥

解除乳癰疔毒的疾苦

將根莖煮茶

是美味的咖啡，健胃整腸

將一絲絲，一縷縷的美好

在風中飛揚，飄逸整個大地，生生不息

藥用價值

性味：甘平

入經：花黃屬土，入太陰陽明 (脾胃)

功用：化熱毒，解食毒，消腫核，利尿散結

主治：

(1) 專治乳癰疔毒，亦為通淋妙品。擦牙，烏髭髮。白汁塗惡刺。「凡螳螂諸蟲……人手觸之成疾，慘痛不眠，百療難效，取汁厚塗即癒」

(2) 治急性扁桃腺炎，咽喉炎，急性乳腺炎，淋巴腺炎，眼結膜炎，流行性腮腺炎，胃潰瘍，胃炎，腸炎，糖尿病，痢疾，膽囊炎，急性闌尾炎，盒腔炎，泌尿道感染，疔瘡腫毒。

藥理研究

(1) **殺菌作用**：蒲公英對金黃色葡萄球菌耐藥菌株，溶血性鏈球菌，肺炎

鏈球菌，腦膜炎球菌，白喉桿菌，綠膿桿菌，變形桿菌，痢疾桿菌，傷寒桿菌，結核桿菌等有殺菌作用。

(2) **利膽作用**：對於慢性膽囊痙攣及結石症有效。

(3) **利尿作用**：特別是對門脈性水腫。

(4) **其他**：全草具有健胃及輕瀉作用，亦可治毒蛇咬傷。

經驗良方

(1) **治乳癰**：蒲公英 1 兩、忍冬藤 5 錢，水煎服。

(2) **治急性化膿性感染**：蒲公英 1 兩、乳香 3 錢、沒藥 3 錢、甘草 2 錢，水煎服。

(3) **治肝炎**：蒲公英 5 錢、茵陳蒿 4 錢、柴胡 3 錢、梔子 3 錢、鬱金 3 錢、茯苓 3 錢，水煎服。

(4) **治胃潰瘍、慢性胃炎、胃脹痛**：蒲公英 1 兩、地榆 5 錢、陳皮 3 錢、砂仁 3 錢，共研，溫水送服。

(5) **治先天性血管瘤**：取新鮮蒲公英莖葉的白汁，塗抹患處，每日 5 ～ 10 次。

蒲公英咖啡

材料：蒲公英根 50g

作法：

(1) 將蒲公英根洗淨泥沙及雜質，切成小段。

(2) 放入鍋中炒至完全乾燥，顏色變深。

(3) 研成粉末，如同煮咖啡的方式煮成蒲公英咖啡即可。

(4) 莖要去除乾淨，口味才佳，可加入牛奶和糖。

功效：富含卵磷脂，能益智健腦，有保肝利膽、養顏美容，治消化性潰瘍功效。

蒲公英真偽之辨

混淆藥組	蒲公英	兔兒菜
性味	味苦、甘，性寒。	味苦，性寒。
效用	清熱解毒、消癰散結。	清熱解毒、消腫排膿、涼血止血。
飲片分辨	(1) 全草呈皺縮捲曲的團塊。 (2) 根圓錐狀，多彎曲。 (3) 葉基生可見，多皺縮破碎，完整葉片展平後，呈倒披針形，邊緣倒向淺裂，裂片齒牙狀。 (4) 有的可見頭狀花序，其上密生多數具白色冠毛的瘦果。	(1) 全草通常不呈捲曲的團塊。 (2) 莖多數，光滑。 (3) 葉多皺縮，完整葉片展平後，呈倒披針形，邊緣具疏小齒，有時全緣。 (4) 有的可見頭狀花序，其上散存數個具白色冠毛的瘦果。
品質鑑別	以葉多，色綠，根長者為佳。	以葉多，色綠，根長者為佳。
說明	本品依歷代本草述文之考證，其來源植物種類很難正確認定，但肯定為菊科蒲公英屬 (*Taraxacum*) 植物。	兔兒菜為蒲公英易混淆品之一，兩者來源為同科不同屬植物，其充用的妥當性有待深入研究探討。《臺灣植物誌》(第2版) 稱兔兒菜為「兔仔菜」，臺灣民間則習稱其為「小金英」。

蒲公英藥材　├──┤ 1公分

兔兒菜藥材　├──┤ 1公分

鳳仙花

學名：*Impatiens balsamina L.*

來源：鳳仙花科植物鳳仙花的全草 (較常以種子入藥)

別名：金鳳花、指甲花、好女兒花、小紅桃急性子、
　　　旱珍珠、佛頂珠、透骨草、菊婢、海納。

明‧徐階

金鳳花開色最鮮，佳人染得指頭丹；

金盤和露搗仙葩，解使纖纖玉有暇。

《渭塘奇遇記》（明‧瞿佑）

洞簫一曲是誰家，河漢西流夜半斜；

要染纖纖紅指甲，金盆夜搗鳳仙花。

鳳仙花也稱好女兒花

　　南宗‧光宗皇帝的皇后～李金鳳，酷愛金鳳花 (鳳仙花)，但花名與皇后名諱有所忌諱，因此稱鳳仙花為「好女兒花」。

鳳凰般的鳳仙花

　　夏天是鳳仙花盛開的季節，花朵鮮艷宛如展翅飛翔的鳳凰，花的顏色有粉紅色、玫瑰紅、大紅色、白色、黃色等，花瓣斑斕，絢麗多采；盛開時，花朵有如飛翔的鳳凰，剛開花時，2～3 朵共生於葉腋，花瓣猶如鳳頭，花冠下有一條長距，葉片就像是鳳尾，因此有了鳳仙花的美名。

鳳仙花生命力強，並不臭賤

(1) 鳳仙花在開花之後，結實形狀如紅色的小桃子，一個個倒掛著，也有

點像小吊鐘；果實成熟後，會自動裂開，將種子彈到很遠的地方，這是鳳仙花繁殖後代的傳播方式。

(2) 鳳仙花的生命力很強，無論是肥沃、貧瘠、潮濕或乾旱，都能成長茁壯。只要種子落地，堅韌的生命力就能蓬勃生長，不需耗費精力去照料它，這種生長的方式，在一般人而言，稱為「臭賤」，在物以稀為貴的傳統觀念下，被古人歸納為「賤品」，而鳳仙花也因為其旺盛的生命力，稱為「菊婢」。

藥用價值

《本草綱目》

※ 急性子 (鳳仙花的種子)

性味：微苦溫，有小毒

主治：產難、積塊、噎膈、下骨鯁、透骨通竅。

時珍曰：「其性急速，故能透骨軟堅，庖人烹魚肉硬者，投數枚，即易軟爛；最能損齒，服者不可著齒也。」、「產難催生：鳳仙子研末水服，勿近牙，外以蓖麻子，隨年數，搗塗足心。」、「咽中骨硬：白鳳仙子研水，灌入咽中。」

※ 鳳仙花 (花瓣)

性味：甘滑，溫，無毒

主治：蛇傷 (擂酒服即解)。又治
　　　腰脅引痛不可忍者，研餅，
　　　曬乾為末，空心每服三錢
　　　（活血消積）。

臨床應用：

(1) 治風濕骨節痠痛、跌打損傷、疔瘡、腫毒、淋巴結核、手足癬症。

(2) 採集 (鳳仙花)：開花期間，每日傍晚採收，揀去雜質，晾乾。一般認為，
　　以紅花、白花兩色入藥較佳。

藥理研究

(1) 鳳仙花汁液：對多種皮膚癬菌均有抑制作用。

(2) 急性子或全草：水煎劑對溶血性鏈球菌、炭疽桿菌、白喉桿菌、大腸
　　桿菌、傷寒桿菌、痢疾桿菌、綠膿桿菌、金黃色葡萄球菌，均有抑制
　　作用。

(3) 急性子：有避孕作用。(可能與抑制排卵有關)

急性子 (鳳仙花的種子) 應用於乳腺癌

(1) 中醫學對乳癌的說法：元《格致餘論》．朱丹溪：「憂怒抑鬱，朝夕積累，
　　脾氣消沮，肝氣橫逆，遂成隱核，如棋子大，不痛不癢，數十年後方
　　瘡陷，名曰：嬭岩。」

　　　乳腺癌發病因素複雜，包括卵巢功能失調、雌激素分泌亢進、單身婦
女、不正常哺乳、不良飲食習慣、乳房外傷、乳房纖維增生、乳癌家族史等。

(2) 腫瘤逍遙方

功用：可治甲狀腺癌、乳腺癌、胃癌、肝癌、子宮頸癌、卵巢癌、前列腺
　　　癌、淋巴癌，能破血調經、軟堅消積。

製服法：水煎服。

方義：本方以抗癌的急性子與治療肝鬱血虛之逍遙散，配合應用於多種癌
　　　症。

組成：當歸、炒白芍、柴胡、茯苓、炒白朮、海藻、益母草、急性子、山
　　　防風、生薑、薄荷。

(a) 急性子：活血通經，軟堅消積，為君藥。

(b) 海藻：對多種腫瘤，均有抑制作用。

(c) 山防風：菊科多年生草本植物，根莖能清熱解毒、消癥腫、下乳汁。

(d) 海藻、山防風輔助急性子，增強抗癌功效，為本方臣藥。

(e) 逍遙散 (當歸、白芍、柴胡、茯苓、白朮、甘草、生薑、薄荷)，疏肝
　　解鬱、健脾和營，為佐藥。

(f) 益母草：活血化瘀，調經消腫，為使藥。

鳳仙花染髮

　　鳳仙花染髮，是一種對人體無害的植物性染髮劑。

(1) 時尚紅棕色

材料：鳳仙花 150g、雞蛋一個、蜂蜜、橄欖油適量。

作法：

(a) 用熱開水，蜂蜜、橄欖油、雞蛋混合，用果汁機打成泥狀。

(b) 頭髮洗乾淨，潤濕，將鳳仙花泥染髮劑均勻塗抹在頭髮。

(c) 再用溫潤毛巾包覆在頭髮上，最後戴上塑膠浴帽。

(d) 大約 4 ～ 6 小時後，用溫水洗淨即可。

鳳仙花

要染纖纖紅指甲，金盆夜搗鳳仙花

(e) 效果：時尚紅棕色。

(2) 金絲貓染髮劑 (金黃色)

效果：金髮美女或帥哥

材料：新鮮鳳仙花 (全草)150g、蘆薈 30g、橄欖油適量。

作法：用熱開水，將上述材料打成泥。

染髮方法：如上。

(3) 黑貓姊染髮劑

效果：烏黑亮麗的髮色

材料：新鮮鳳仙花 (全草)150g、墨旱蓮 (鮮)30g、橄欖油適量，亦可用
　　　水丁香 (柳葉菜科) 代替。

作法：如上。

鳳仙花染指甲

《詠指甲花》(毛澤東)

百花皆競放，指甲獨靜眠，春季葉始生，炎夏花正鮮，

葉小枝又弱，種類多且妍，萬草披日出，惟婢傲火天，

淵明愛逸菊，敦頤好青蓮，我獨愛指甲，取其志更堅。

1. **鳳仙花別稱「指甲花」**：自古以來都是愛漂亮的女生最佳美甲、護甲的
植物，在夏天的傍晚時分，採紅色的鳳仙花瓣放在鉢裡搗爛，敷在指甲
上，用葉子包紮，隔天的早晨，指甲便染成艷麗的紅色，這比現代使用
化學合成的指甲油高明，只是要多點時間。

(1) 鳳仙花具有很強的抑制真菌作用，可以有效治療灰指甲、甲溝炎。

(2) 應用鳳仙花染指甲，顏色艷麗，色澤有如胭脂般的嬌艷，具有美甲、
護甲，及治療灰指甲等多重功效。

(3) 材料：鳳仙花瓣 (以大紅色、紫紅色最佳)、明礬少許 (或食鹽)、苘麻葉 (磨仔盾頭的葉子)、細繩。

(4) 作法：

　(a) 將鳳仙花瓣加入少許明礬 (或食鹽)，搗爛成泥。

　(b) 將指甲洗淨，將花漿均勻敷在指甲上，上面鋪薄棉花，再以苘麻葉包紮，繫上細繩。

　(c) 染指甲的時間：至少五小時以上，最好是晚上染，隔天早晨打開，用溫水洗淨。

　(d) 搗好的鳳仙花漿用不完，可密封存放在冰箱，待下次使用，不會影響下次使用的效果。

　(e) 如果指甲周圍被染紅，多洗幾次，3 ～ 5 天內，即可褪色。

2. 鳳仙花染指甲的秘訣

　　鳳仙花瓣是一種有機植物染，這比化學合成的指甲油更好，並且有保健的功效，只是要多費點時間。鳳仙花的成份無法直接附著在指甲上，必須用媒染劑作為媒介，才能染色，古人利用明礬作為媒染劑，效果絕佳。

　　明礬的化學成份：主要含硫酸鉀鋁，水解後，生成氫氧化鋁，呈漿糊狀的膠質；鳳仙花瓣加上少許明礬，塗抹在指甲上，才能使色素有效而且均勻的附著在指甲上，染成艷麗的紅色。

鳳仙花酒

組成：鳳仙花 400g、紅花 90g、當歸 90g、米酒 12 瓶。

功用：將藥材浸泡於米酒，密封 20 日，經常搖動，過濾去渣，裝瓶備用。

主治：跌撲損血、瘀血腫痛、風濕關節疼痛。

服法：每日 2 ～ 3 次，每次飲用 30c.c.，亦可外敷。

劉寄奴（經常誤用中草藥）

學名：*Artemisia anomala* S. Moore(奇蒿)

來源：菊科植物奇蒿的全草 (習稱「南劉寄奴」)

別名：珍珠蒿、劉寄奴、金寄奴、六月雪、千
　　　粒米、九牛草、大葉蒿、白花尾、細白
　　　花草。

《本草詩》（清・趙瑾叔）
劉裕當年字寄奴，草生何事有尊呼
斬蛇須記言非妄，搗藥應知事不誣
腫毒風吹皆可傅，金瘡出血總能敷
子莖花葉俱存用，取次通醫經脈枯

以皇帝姓名命名的中草藥，劉寄奴

　　正史《宋書・武帝紀》記載，劉寄奴，
名劉裕，字德興，小名寄奴 (中國南北朝時
期的宋武帝)。出身貧寒，祖籍彭城，(金江蘇・
徐州) 後來遷居京口 (金江蘇・鎮江)

　　年少時以販鞋、耕地、伐樵、捕魚為業。
從軍北府，參與鎮壓孫恩之役，官位日益顯
赫，爾後官拜東晉相國，封為宋王，西元
430 年，劉裕稱帝，國號為宋。

　　劉裕小名寄奴，「奴」是六朝時期之人常用於小名的字，多為長輩稱

呼晚輩之詞，並無特別的意思，例如：晉朝、石崇富可敵國，小名齊奴；南朝陳後主，小名為黃奴。

劉裕出生時小名寄奴之由來，由於母親早逝，父親將他託付給姨媽，之後便棄之不顧，因此改名「寄奴」。

劉裕的生長，際遇雖不順遂，卻能在逆境中奮發向上，平定南燕，後來成就非凡，因此後世學者常藉「寄奴」二字於詩詞之間，歌詠人生之際遇。

藥用價值

性味：苦溫

入經：入心，脾經

功用：破血通經，除癥下脹，止金瘡血。

主治：

(1) 治經閉癥瘕，胸腹脹痛，產後血瘀，跌打損傷，金瘡出血，癰毒焮腫。

(2) 《日華子本草》治心腹痛，下氣水脹，血氣，通婦人經脈癥結，止霍亂水瀉。

經驗良方

(1) **小兒尿血**：劉寄奴研末服。

(2) **治產後百病血運**：劉寄奴、甘草，上二味等分，水、酒各半煎，渴服。（《聖濟總錄·劉寄奴湯》）

(3) **治被打傷破、腹中有瘀血**：劉寄奴、延胡索、骨碎補各 1 兩，水、酒煎，溫熱頓服。（《千金方》）

(4) **治風入瘡口腫痛**：劉寄奴為末，摻之。（《太平聖惠方》）

(5) **治湯火瘡**：劉寄奴為末，先以糯米漿，掃瘡著處，後摻藥末在上，並不痛，亦無痕，大凡傷著，急用鹽末摻之，護肉不壞，然後藥敷之。（《本事方》）

劉寄奴應用於傷科疾患

(1) 上肢損傷洗方 (《中醫傷科學講義》)

組成：劉寄奴 9g，伸筋草 15g，透骨草 15g，荊芥 9g，防風 9g，紅花 9g，千年健 12g，桂枝 12g，蘇木 9g，川芎 9g，威靈仙 9g。

製法：水煎熏洗患處。

功效：活血舒筋，用於上肢骨折、脫位扭挫傷後筋絡攣縮痠痛。

(2) 壯筋續骨丹 (《傷科大成》)

組成：當歸 60g，川芎 30g，白芍 30g，熟地黃 120g，杜仲 30g，續斷 45g，五加皮 45g，骨碎補 90g，桂枝 30，三七 30g，黃耆 90g，補骨脂 60g，菟絲子 60g，黨參 60g，木瓜 30g，劉寄奴 60g，地鱉蟲 90g。

製服法：共研細末，糖水泛丸，每次服 12g，溫酒下。

功效：壯筋續骨，用於骨折、脫位、傷筋中後期。

(3) **骨科外洗方**（《外傷科學》）

組成：寬筋藤 30g，鉤藤 30g，金銀花藤 30g，王不留行 30g，劉寄奴 15g，防風 15g，大黃 15g，荊芥 15g。

製法：水煎熏洗患處。

功效：活血通絡，舒筋止痛。

主治：損傷後筋骨拘攣，關節功能不佳，痠痛麻木，或外感風寒，濕作痛。

劉寄奴真偽之辨

正品：菊科植物奇蒿的全草

　　乾燥的帶花全草，枝莖長 60 ～ 90cm，直徑 2 ～ 4cm。

　　表面呈棕黃色或棕褐色，常被白色毛茸，莖質堅硬，折斷面呈纖維狀，黃白色，中央白色而疏鬆。

　　葉互生，乾燥品呈皺縮或脫落，表面暗綠色，背面灰綠色，密被白毛，質脆易破或脫落，枝梢帶花穗，氣芳香，味淡。

　　品質：以綠葉，花穗多，沒黴斑及雜質佳。

誤用品：陰行草，玄參科植物陰行草的全草 (又稱北劉寄奴)

※ 市售劉寄奴草誤用陰行草情況非常嚴重，處方時應多加注意。

南劉寄奴藥材　　1公分

北劉寄奴藥材　　1公分

樹豆

學名：*Cajanus cajan* (L.) Millsp.

來源：豆科植物樹豆的種子

別名：觀音豆、勇士豆、放屁豆、
蒲姜豆、木豆、柳豆、白
樹豆、花螺樹豆等，阿美
族人亦稱為 vataan(馬太
鞍)。在臺灣各處常可見有人栽培食用，由於豆子可採食，也稱木
豆。外文稱 pigeon pea。

勇士豆、放屁豆

　　樹豆在臺灣是原住民族的傳統美食，具有很高的營養價值，原住民的
勇士上山狩獵，往往是八天十天很長的時間，為了保持充沛的體力，都會
帶著樹豆、芋頭乾、地瓜乾等乾糧煮食，由於能迅速恢復體力，豐收回來，
因此有勇士豆之稱。

　　樹豆又稱放屁豆，乃因其吃多了很容易排氣，而且會發出很響亮的放
屁聲，對於戀愛中的男女朋友是很大的禁忌。

藥用價值

《泉州本草》

性味：甘微酸，性溫，無毒。

功用：清熱解毒，利水消食，排癰腫，止血止痢。

1 公分

主治：心虛水腫，血淋，痔血，癰疽腫毒，痢疾腳氣。

※ 樹豆的養生食療功效

原住民同胞常以樹豆當作主食，種仁含蛋白質約 22%，脂肪 2%，碳水化合物 57%。

樹豆也可供榨取食用油，鮮莢或鮮仁作為毛豆替代品，新鮮種仁炒食燉煮，鮮美可口，乾豆炒熟食用製作果品或泡水後烹煮均可。

臺灣民間認為樹豆可做諸藥之引藥，也可將樹豆根燉瘦肉服用以治貧血。

入藥需採成熟種子，有清熱解毒、補中益氣、利水消食、止血止痢、散瘀止痛、排癰腫之效，能治心虛、腳氣水腫、便血、風濕關節痛、跌打、痔血、膀胱或腎臟發炎等。

※ 文獻記載

樹豆根具有消炎、解毒及解熱之效，諸多炎症皆可配伍之。

葉：浸服或浸劑可治咳嗽、腹瀉、耳痛等。

種子：味甘微酸、性溫、無毒、有清熱、解毒、補中益氣、利水消食癰腫、止血、止痢等功效。

種子炒熟後作為藥酒之用具強腎功效，民間偏好黑色品種，認為色黑入腎，治腎虛腰酸背痛。

民間青草藥療法，常以基部莖幹及其根部清洗後切小段與排骨同燉服之，可治糖尿病，據說效果頗佳。

原住民同胞以鮮仁或乾豆浸泡後連同山蘇嫩芽同煮後食之。

南洋地區則取樹豆鮮葉搗汁，滴入內耳，治療耳痛，內服治潰瘍。

本品是高營養豆類，可當藥酒保健或平日佐膳及零食之食品；莖：可燉豬腳（或加紅刺蔥），有大補元氣之功，是香味獨特的美食，因此民間常以樹豆燉食排骨以為保健養生之食材。

藥理研究

(1) 樹豆水浸劑對絮狀表皮癬菌有抑制作用。

(2) 自樹豆所提煉之 stilbenoid 類化合物，在哺乳動物中具有降低血糖或抗糖尿病的功能。

藥膳食療方

(1) 樹豆排骨湯

材料：樹豆、排骨、薑、鹽巴

作法：

(a) 將樹豆浸泡 1 ～ 2 小時，浸泡越久樹豆越容易軟爛。

(b) 料理方法同一般排骨湯。

叮嚀：

(a) 不建議添加味精，才可嚐得樹豆的原味

(b) 樹豆軟爛其香味才會出來，想吃較硬的口感也可不用浸泡，或泡 30 分鐘就好

(c) 如浸泡時間較短，可用快鍋烹調，可縮短樹豆軟爛的時間

(d) 有些樹豆煮下去會把肉表面都染成紫色，故可以拿肉塊放下去煮，熟了後可切片，看著外紫內白的肉片，既好看又美味。

說明：

(a) 樹豆主要食用鮮豆或乾豆，未成熟的種子亦可當作新鮮或加工用蔬菜，類似毛豆的產品，成熟的種子曬乾後可燉豬腳、排骨或煮樹豆湯。

(b) 原住民同胞以乾豆炒熟後浸泡米酒，亦能將種子磨成粉，做成各種食品。

(c) 樹豆種子營養豐富，富含蛋白質及各種成分，像脂肪、纖維、礦物質（鈣、鐵、磷等），亦含有維生素 A_1、維生素 B_1、維生素 B_2 及菸酸。

(d) 葉或嫩梢、嫩莢煮後亦可食用。根據資料顯示樹豆除供食用外，也可供作飼料用，且乾莖還可做為燃料，幼嫩植株可做綠肥，對土壤改良極具價值。

(2) 紅燒樹豆牛小排材料 (6 人份)

材料：去骨牛小排 600 公克，配料：樹豆 1 碗、薑 60 公克、紅辣椒 2 根、月桂葉 10 公克、山胡椒 5 公克，調味料：鮮雞粉 1/3 湯匙、冰糖 1/3 湯匙、米酒 1/2 小匙、醬油 1/2 大匙、水 1000c.c.

作法：

(a) 樹豆洗淨，泡水 1 ～ 2 小時。

(b) 將樹豆及其浸汁一同入鍋大火煮滾後，改小火煮約 1 小時。

(c) 將無骨牛小排洗淨、切段後，放入熱水中汆燙，撈出備用。

(d) 將無骨牛小排跟所有材料、調味料一起加入樹豆湯中，煮至滾沸後，轉為小火燉煮，約 25 ～ 35 分鐘，湯汁略為收乾即可。

(3) 樹豆冰沙

作法：以 2 斤冰塊，添加 5 兩熟樹豆、3 兩果糖、2 兩奶水，再以果汁機
　　　攪拌均勻，可製出 5 大杯樹豆冰沙。

(4) 樹豆芋香排骨湯

材料：樹豆 6 兩、芋頭乾 12 粒 (約 5 兩)、老薑少許、紅蔥頭數粒、排
　　　骨 6 兩，香菜、蔥段少許。調味料：鹽 1/4 匙、味素適量、米酒 2
　　　匙 (15c.c.×2)

作法：

(a) 樹豆浸泡 6 小時備用。紅蔥頭切片，小米炸酥。排骨切塊汆燙。

(b) 鍋中加 10 杯水，樹豆置入鍋中，煮約 40 分鐘至熟。

(c) 加入老薑片和蔥段，再放入芋頭乾、排骨，文火煮 30 分鐘，加入調味
　　料及蔥頭酥，撒上切碎香菜即可。

(5) 樹豆小米飯

材料：白米 3 杯，樹豆、小米、青黃豆仁各少許。

作法：

(a) 樹豆洗浸泡水半天，重新加水煮滾，用中火煮 15 分鐘閉火悶軟。

(b) 小米洗淨，泡水 2 小時。

(c) 白米洗淨，與水以 1：1.5 浸泡 30 分鐘後，加入洗淨的青黃豆仁，加
　　入前述處理過的小米、樹豆，以電子鍋煮熟即可。

(6) 樹豆沙拉

材料：樹豆 50 公克、小黃瓜 50 公克、蘋果 50 公克，紅、黃彩椒共 100
　　　公克，馬鈴薯 40 公克、雞蛋 40 公克、檸檬汁少許、AB 優格或乳
　　　酪 1 瓶。

作法：

(a) 樹豆洗淨泡水半天，重新加水煮滾用中火煮 15 分鐘，閉火悶軟。

(b) 馬鈴薯切丁煮熟。雞蛋煮熟切丁。紅與黃彩椒、小黃瓜切丁汆燙。蘋果切丁泡鹽水濾乾。

(c) AB 優格或乳酪加檸檬汁與材料拌勻。

經驗良方

(1) **治血淋**：木豆、車前子各 3 錢，合煎湯服。（《泉州本草》）

(2) **治肝腎水腫**：木豆、苡仁各 5 錢，合煎湯服，每日 2 次。忌食鹽。（《泉州本草》）

(3) **治痔血**：木豆根浸酒 12 小時，取出，焙乾研粉，每次 3 錢，黃酒沖服。（《浙江藥用植物誌》）

(4) **治耳痛**：樹豆鮮葉適量搗汁，滴入內耳數次。(南洋)

(5) **治貧血**：樹豆根 5 錢，燉瘦肉服。(《臺灣鄉野藥用植物 (3)》)

Memo

————————— ❈ —————————

樹豆 ◆ 勇士豆、放屁豆，鮮美可口亦可消炎解毒

龍葵

學名：*Solanum nigrum* L.

來源：茄科植物龍葵的全草

別名：烏甜仔菜、烏子仔菜、天茄子、天泡草、天天果、
　　　啞巴菜。

烏甜仔菜

　　在鄉下，大家都認得一種稱為「烏甜仔菜」或「烏子仔菜」的植物，即龍葵。它同時也是中藥的一種，具有抗疲勞、抗癌的功效。這種植物到處可見，無論在豔陽高照的空曠地區，或是在樹蔭下都能看見它。熟透的果實，黑的發亮，因此稱為「烏子仔菜」。在鄉下，小朋友玩累了，口渴時都會摘烏子仔菜來解渴，吃起來酸酸甜甜的，很好吃。

　　烏子仔菜的嫩莖葉也是家庭餐桌上美味可口的野菜，烏子仔菜煮粥或清炒皆宜。

啞巴菜

　　未成熟的果實，含有「龍葵鹼」，在客家地區，長輩們都會告誡小朋友，這種果實叫「啞巴菜」，如果誤食會喉嚨痛，聲音沙啞。未成熟的果實含龍葵

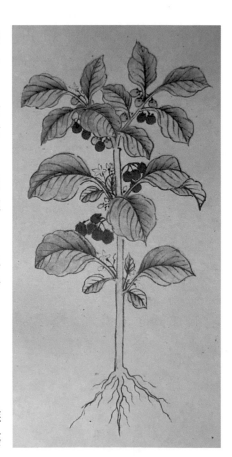

鹼 (solanine)，對黏膜組織有較強的刺激作用，對中樞神經有麻痺作用，也會引起喉嚨沙啞及燒灼感、嘔吐、流涎等症狀。但一經煮熟，則安全無虞，可放心食用。

龍葵鹼又稱茄鹼、龍葵素、茄苷，是茄科物種中被發現的一種糖苷生物鹼毒素，例如在馬鈴薯、番茄和茄子中。它可以在植物的任何部分自然發生，包括葉子、果實和塊莖。龍葵鹼具有殺蟲特性，是植物自然防禦之一。龍葵鹼首先在 1820 年從歐洲黑茄 (即龍葵，*Solanum nigrum*) 的漿果中被分離出來，之後被命名。

阿美族，龍葵象徵樸實、嫻淑

在阿美族，人們傳唱著龍葵自喻的歌謠，年輕的少女被喻為龍葵，以顯示其樸實及嫻淑，以吸引少男們的注意。每年的二月及八月水稻播種期間，族人們會盛裝打扮，煮龍葵湯祭祀神明，以祈求將來大豐收。慶典飲酒引起的酒醉，在阿美族的古法中，是喝龍葵湯解酒。

藥用價值

《本草綱目》

苗 (嫩莖葉)

氣味：苦、微甘寒、無毒。

主治：食之解勞少睡，去虛熱腫，治風，補益男子元氣，女子敗血，消熱散血，壓丹石毒，宜食之。

龍珠 (成熟的果實)

氣味：苦寒無毒

主治：能變白髮令黑，令人不睡，主諸熱毒石氣發動，調中解煩。

龍葵應用於喉癌

(1) 中醫學：喉可呼吸屬肺系，音之府，肝、腎經絡循行所過，喉部疾患會影響發聲及呼吸。

外邪侵入：以風熱為多；內因發病：以陰虛陽亢、痰火毒聚為主。

(2)《醫宗金鑑》云：「喉瘤熱鬱屬肺經，多語損氣相兼成，形如亢眼紅絲裹，或單或雙喉旁生。」

(3) 喉癌解毒湯 (《腫瘤臨症備要》)

組成：紫草根、龍葵、扛板歸、沙參、天冬、豬苓、黃芩、銀花、桔梗、牛蒡子、絞股藍、山梔子、七葉一枝花、生薏仁、甘草。

製服法：水煎服

功效：滋陰解毒、清肺利喉

主治：喉癌、鼻咽癌、扁桃腺癌、舌癌、腮腺癌、甲狀腺癌、肺癌、絨毛膜上皮癌、胃癌。

藥膳食療方

(1) 龍葵酒

組成：成熟的龍葵果、米酒。

製服法：浸泡 20 天後，即可飲用。

品質：澄清透明，口感溫和，酸甜適口。

功效：補益元氣、抗疲勞、黑髮、解毒、利尿、防癌、抗過敏，治氣管炎、哮喘。

(2) 滋陰抗癌湯

組成：北沙參 12g、天冬 12g、黃精 12g、龍葵 30g、生地 12g、石斛 12g、絞股藍 15g、白毛藤 15g、黃柏 12g、白花蛇舌草 12g。

製服法：水煎服。

功用：滋陰清熱、解毒抗癌。

主治：子宮頸癌、乳腺癌、膀胱癌、血癌、大腸癌、肺癌等放療之副作用。

方義：

(a) 天冬：滋陰助元氣，消腎痰。對多種癌腫均有抑制作用。

(b) 石斛：甘淡入脾除虛熱，鹹平入腎濇元氣，養陰、生津、清熱。

(c) 龍葵、白毛藤：具有良好的抗癌活性。

(d) 知母、生地、黃精：滋陰補肺，用於熱病傷津煩渴、腎陽不足。

(e) 絞股藍：扶正抗癌，增強巨噬結胞吞噬能力，提升免疫力。

(f) 白花蛇舌草：清熱解毒、抗癌。

(3) 龍葵抗癌湯

組成：龍葵 30g、十大功勞 30g、夏枯草 15g、天花粉 15g、甘草 9g。

功用：養陰清熱、抗癌解毒。

主治：鼻咽癌、口腔癌、肺癌、淋巴癌、甲狀腺癌。

方義：

(a) 龍葵：清熱解毒，活血消腫，抗癌，治瘰癧、疔腫、瘡癰。

(b) 十大功勞：苦寒，治鼻咽癌要藥，對頸部癌腫療效佳。

(c) 夏枯草：清熱散結、抗癌清肝，治痰火鬱結所致瘰癧、癭瘤、肝癌。

(d) 天花粉：清熱生津，消腫排膿。

(e) 甘草：和中解毒。

檀香

學名：*Santalum album* L.
來源：檀香科植物檀香的乾燥樹幹心材
別名：旃檀、真檀、白梅檀、白檀、白銀香。

檀香的用途

　　檀香是一種高級的香料，樹形優美，可供醫療、雕刻、薰香及宗教等。用途一般可分為白檀、紫檀、黃檀，而中藥使用則以白檀香為主。

　　檀香屬半寄生性植物，除本身根系吸收營養，還需纖細的小根產生吸盤，吸附在寄生植物的根部，以吸收營養，可選擇的優良樹種有臺灣相思樹、鳳凰樹、紫珠、梔子、七里香、過山香等。

老山與新山檀香

(1) 老山檀：印度出產，樹齡超過 30 年，氣味馨香，經久不散。

(2) 新山檀：其它地區生產，樹齡較淺，氣味略差。

(3) 梅檀樹的莖幹很高，木質密緻而有濃郁的馨香，用途很廣，可做為美容護膚、染料、香料、藝術雕刻上選之品。

(4) 根部：研末；可作供香，樹幹心材；即中藥的理氣要藥～檀香。

(5) 精油：稱檀香油；莖幹稱旃檀香，可雕刻佛像。

佛典記載的旃檀香

(1)《**慧琳音義**》

「旃檀，此云『與樂』謂白檀能治熱病、赤檀能去風腫，皆是除疾安身之樂，故名與熱也」。

(2)《**玄應音義 · 卷二十三**》

「有赤、白、紫色等數種旃檀，又有牛頭旃檀、蛇心檀，而牛頭旃檀呈灰黃色，香氣濃郁」自古以來是雕刻佛像佳品，例如優填王即以牛頭旃檀雕刻佛像。

(3)《**法華經卷十九 · 法師功德品**》

「持誦法華經者，可證得鼻根功德，善能嗅聞及分別種種天香，旃檀，沉香等種種妙香」。

(4)《**頂生王因緣經卷三**》

「譬如有人其身臭穢，雖以旃檀，沉水香等種種塗身，猶不能香如是不勤求聲聞，辟支佛乘，不斷惡業，乃至邪見，如果以摩訶衍大乘香塗，猶故不香」

(5)《**佛說戒香經**》

「世間所有諸花果，乃至沉檀龍麝香，如是等香非遍聞，唯聞戒香遍一切，旃檀鬱金與蘇合，優缽羅並摩隸花，如是諸妙花香中，唯有戒香而最上，所有世間沉檀等，其香微少非遍聞，唯聞戒香遍一切」。

佛經中以旃檀之樹、根、花俱香，比喻菩薩行持，見聞者無不受感化，隨順同行。

(6)《不空羂索陀羅尼經》

　　記載觀世音菩薩像造法「或用木作,亦以白檀或紫檀香、檀木、天木…」

(7)《入唐求法巡禮記卷一》

　　記載日本法師圓仁法師入唐時,曾經到台州開元寺瑞像閣參拜白檀釋迦如來像。

藥用價值

《本草備要》

(1) 檀香

性味:辛溫

功效:調脾肺、利胸膈、去惡邪、能引胃氣上升,進飲食,為理氣要藥。

內典云:旃檀塗身能除熱惱,(汪昂):內與慾念,亦稱「熱惱」,蓋諸香多助淫火,惟檀香不然,故釋氏樊之。

(2) 紫檀

性味:鹹寒,血分之藥

功效:和榮氣、消腫毒、傅金瘡、止血定痛。

經驗良方

(1) 瓜蔞薤白半夏湯合丹參飲

組成:瓜蔞仁 15g、薤白 9g、半夏 9g、檀香 9g、丹參 12g、歸尾 9g、川芎 9g(若缺檀香,可用降真香暫代)。

製服法:水煎服,每次加白酒 10ml 沖服

功效:通陽散結、行氣祛痰

主治:胸痹,症見胸部悶痛,甚至胸痛徹背、喘息、咳唾、短氣、舌苔白

　　膩、脈沉弦或緊

藥理：主要有擴張血管、抗缺氧、保護缺血心肌、抑制血小板聚集、降低
　　　血液濃稠度。

臨床應用：冠心病心絞痛、胸痛、肋間神經痛、肋軟骨炎、胸部軟組織損
　　　　　傷、胸悶氣喘痰多、乳房脹痛等。

方義：

(a) 先賢云：心痛，不外心脈拘急、血氣不通所致，通者，理氣、活血、解鬱、
　　散寒、通暢也。

(b) 方中瓜蔞薤白半夏湯：通陽寬胸，行氣止痛、化痰散結

(c) 丹參飲：調氣化瘀，去砂仁，易川芎，歸尾。歸尾：養血、活血。川芎：
　　養血、行氣。檀香：理氣要藥。

(d) 加白酒：行藥氣，增加活血化瘀、通經活絡，共奏溫經通陽之功。

(e) 臨床上加酒效佳，不加酒者效差，履驗不爽。(白酒非現代所指之白酒，
　　乃黃酒)

(2) 三合湯 (《焦樹德經驗方》)

組成：高良薑 6g、烏藥 9g、製香附 6g、酒丹參 30g、檀香 6g、百合 30g。

功用：溫中和胃、散鬱化滯、調養氣血。

主治：

(a) 治長期難癒之胃脘痛，或服其它胃痛藥無效者，舌苔薄白，脈弦或沉細弦。

(b) 胃脘喜暖，痛處喜按，又不能按，大便或乾或溏，寒熱虛實夾雜並見者。

(c) 本方善治各種難癒慢性胃炎，包括淺表性胃炎、萎縮性胃炎、肥厚性胃炎。

(d) 胃及十二指腸潰瘍，胃黏膜脫垂，胃神經官能症及胃癌所致胃痛。

(e) 本方以良附丸、百合湯、丹參飲合為一方，故名三合湯。

(3) 治心腹冷痛：白檀香 9g(研細末)、乾薑 15g，沸水沖服。

(4) 治口壹膈飲食不入：白檀香 4.5g、茯苓 6g、橘紅 6g，以上研細末，另加人參 9g，沸水沖服。

(5) 治陰寒霍亂：白檀香 4.5g、藿香 4.5g、木香 4.5g、肉桂 3g、乾薑 15g，研細末沖服。

(6) 《本草綱目》：「致噎膈吐食；又面生黑子，每夜以漿水洗拭令赤，磨汁塗之。」

Memo

檀香

◆

世間所有諸花果，乃至沉檀龍麝香

雞冠花

學名：*Celosia cristata* L.

來源：莧科植物雞冠花的花序

別名：雞公花、雞冠莧、雞髻花、雞角槍、波羅奢花。

雞冠本是胭脂染，今日為何淺淡妝
只為五更貪報曉，至今載卻滿頭霜

明朝大儒解縉，博學多才，為大明三大才子之一，尤其主編的《永樂大典》是世上最大的百科全書，一則故事：解縉才華洋溢，文思尤為敏捷，為當世所推崇，皇帝不信，某日早朝，命他以雞冠花為題吟詩，解縉隨即吟道：「雞冠本是胭脂染」皇帝隨即從衣袖中拿出預藏的白雞冠花，解縉立即吟道：「今日為何淺淡妝？只為五更貪報曉，至今載卻滿頭霜」。

雞冠花之名稱

雞冠花原產於印度，稱為波羅奢花 (赤色之意) 由佛教傳入中國，花色豔麗，花序頗似雄雞的頂冠，因此稱為雞冠花。

《啄雞冠花》（宋・趙企）
秋光及物眼猶迷，著葉婆娑擬碧雞
精采十分佯欲動，五更只欠一聲啼

欣賞著被秋天風光籠罩的雞冠花，漂亮的使人眼光撩亂，花朵在秋風中搖曳，色彩繽紛燦爛，精采的如同公雞就要翩翩起舞，就只差五更報曉的那一聲啼叫。

藥用價值

性味：甘澀，性涼，入肝、大腸經

功效：涼血，止血，止瀉，止帶

主治：諸出血證，帶下，泄瀉，痢疾。

臨床應用：治出血證，因雞冠花味澀性涼，入肝經血分，既可涼血，又能收斂。

(1) 治月經過多，配合生地、山梔子以涼血清熱；若屬脾虛氣弱，沖任不固者：配合黨參、黃耆等益氣健脾之品，以標本兼治。

(2) 治帶下：配合椿根皮、土茯苓、車前子、芡實。

(3) 治久痢赤白：配合石榴皮、赤石脂等，以加強止痢、止瀉之功。

(4) 歛瘡消腫：研末外敷。

《御藥院方》：雞冠花配合鳳眼草水煎，洗患處，治痔瘡肛邊腫痛，延久不癒，變成漏瘡。

(5) 尿道感染：雞冠花 15g、萹蓄 15g、鴨跖草 30g，水煎服。

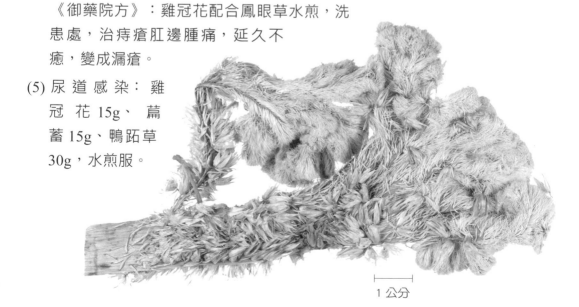

1 公分

藥膳食療方

(1) 雞冠花桂圓茶

組成：雞冠花 9g、萹蓄 9g、荔枝 15g、桂圓 15g、大棗 6 顆。

製服法：水煎代茶飲。

功效：益智寧神，令人歡樂無憂，並治體虛赤白帶下。

(2) 雞冠花藕節茶

組成：雞冠花 20g、藕節 20g、大棗 5 粒，紅糖適量。

製服法：水煎代茶飲。

功效：治陰道炎、陰道毛滴蟲症、白帶、鼻衄、吐血。解鬱，令人歡樂無憂。

Memo

雞冠花

雞冠本是胭脂染，今日為何淺淡妝

藿香

學名：*Agastache rugosa* (Fisch. & Mey.) Kuntze

來源：唇形科植物藿香的莖葉

別名：排香草、野藿香、伏香、兜婁婆香、多摩羅
　　　跋香、缽怛羅香、迦算香。

《南州異物誌》

　　《南州異物誌》云：「藿香出海邊國，形如都梁，葉似水蘇，可著衣服中，用充香草，佛經當中多有記載，如愣嚴之兜婁婆香，法華之多摩羅跋香，金光明之缽，怛羅香，涅盤之迦算香，皆藿分名」。其氣清芬微溫，善理中州濕濁痰涎，為醒脾快胃，振動清陽妙品。

《本草詩》（清·趙瑾叔）

藿香入藥葉多功，潔古東垣用頗同，

佳種自生邊海外，奇香半出佛經中，

安胎不使酸頻吐，正氣須知暑可攻，

噙漱口中能洗淨，免教惡穢氣猶衝。

藿香，到手即香，微妙無量

《佛本行經》

　　「爾時，世尊又共長老難陀，至於一賣香邸，見彼邸上有諸香裹，見己，即告長老難陀作如是言：『難陀！汝來取此邸上諸香裹物。』難陀爾時即依佛教，於彼邸上取諸香裹。佛告難陀：『汝於漏刻一移之頃，捉持香裹，然後放地。』爾時，長老難陀聞佛如此語己，手持此香，於一刻間，還放於地。」

爾時，佛告難陀：『汝今當自嗅於手看。』爾時，難陀聞佛語已，即嗅自手。佛語難陀：『汝嗅此手，作何等氣？』自言：『世尊！其手香氣，微妙無量。』

佛告難陀：『如是，如是，若人親近善知識，恒常共居，隨順染習，相親近故，必定當得廣大名聞』爾時，世尊因此事，故而說倡言：「若有手持沉水香，及以霍香麝香等，須臾執香自染，親附善友亦復然。」

《龍樹菩薩‧五明論服香法》

凡修行誦咒，以及工巧聲刻漏聰耳澈徹，以服香藥為咒曰：「菩陀，少/免婆多羅，烏摩種陀利，勒那勒那耽桿利，阿婆阿婆鳴嘶利，莎婆訶。」以自真旃檀，沉水香，薰香，青木香，雞舌香，藿香，零陵香，甘松香，芎藭香，香附子，百花香，訶梨勒各一斤，於一淨室淨臼中，各別搗下篩以和蜜，封在器中，勿令接觸空氣及太陽，斷五辛雜味，沐浴後端坐持咒，即得眾人敬愛，鬼神營助，若需要時於靜處燒香，眾神自然來臨。

藥用價值

《本草備要》

性味：辛甘微溫

入經：入手足太陰 (肺‧
　　　脾)

功用：快氣和中，開胃止嘔，
　　　進飲食，去惡氣。

主治：治心腹絞痛，霍亂吐瀉，
　　　肺虛有寒，止焦雍氣。

1 公分

形態：出交廣，方莖有節，葉微似茄葉，古惟用葉，
　　　今枝葉亦用之，因葉多偽也。

《名醫別錄》

「療風水毒腫，去惡氣，療霍亂，心痛」

《本草圖經》

「治脾胃吐逆，為最要之藥」

《本草再新》

「解表散邪，利濕除風，清熱止渴，治霍亂吐瀉，瘧，痢，瘡疥。梗：可治喉痹，化痰，止咳嗽。」

經驗良方

(1) 漱口方

組成：荊芥、防風、薄荷、甘草、銀花、連翹、藿香。

製服法：打成粗末，沖泡含漱，或代茶飲用。

功效：抗炎、除口臭

主治：牙齦腫痛，口舌生瘡，牙周病，長期口臭反復發作，口腔疾病。

(2) 藿香大棗茶

組成：藿香 4.5g、生薑 5 片、大棗 6 粒，紅糖適量，沸水沖泡，飲用。

功效：益胃、健脾、止嘔

應用：脾胃虛弱，嘔吐腹瀉，脘腹痞悶，食慾不振。

(3) 芫荽止嘔法

組成：香菜 (芫荽) 一把，紫蘇葉、藿香各 3g，陳皮、砂仁各 6g。

製服法：

(a) 將藥物打碎，蒸沸後倒入茶壺或蒸臉器，對準鼻孔薰蒸。

(b) 或煮沸後，去渣取汁，徐徐嚥下。

主治：妊娠嘔吐劇烈者

說明：嚴重妊娠嘔吐者 (惡阻)，往往聞到食物或藥味即嘔吐，厭食削瘦，
　　　臥床不起，影響母子健康甚鉅。

(4) 藿香豆蔻茶

組成：藿香葉 10g，白豆蔻 (打碎)3g，生薑三片，沸水沖泡飲用。

功效：治鼻塞，偏頭痛，或風寒溼氣所致泄瀉，腸鳴腹痛，腹脹脘悶。

(5) 藿香粥

組成：藿香 10g，荊芥 10g，淡豆豉 30g，粳米 150g。

作法：先將藿香、荊芥、淡豆豉浸潤，煮沸後小火續煮 5 分鐘，去渣留汁。

功效：飲食停滯，嘔吐酸腐，脘腹脹滿，噯氣厭食，或腹痛拒按，吐後稍

覺緩解，大便臭穢，或便祕或溏瀉本方消食化滯，和胃降逆。

(6) 藿香正氣散 (《和劑局方》)

組成：藿香、紫蘇、白芷、桔梗、大腹皮、厚朴 (薑製)、陳皮、半夏麴、茯苓、白术 (土炒)、甘草、生薑、大棗。

製服法：水煎服

功用：解表化濕、理氣和中 (健胃，止吐，止瀉，利尿，抑菌，祛痰，止咳，抑制流感病毒)

主治：

(a) 治外感風寒，內傷飲食，憎寒壯熱，頭痛嘔逆，胸膈滿悶，咳嗽，氣喘。

(b) 傷冷傷濕，瘧疾，中暑，霍亂吐瀉，凡感嵐瘴不正之氣者，並宜增減用之。

方義：

(a) 藿香：能促進胃液分泌，增強食慾及消化功能，對胃腸道有解痙，防腐作用，有芳香健胃之良效，為本方君藥。

(b) 紫蘇、生薑、陳皮：能促進消化液分泌，抑制腸胃道異常發酵，促進積氣排出。

(c) 紫蘇：尚可增強胃腸蠕動；陳皮：可緩解胃腸平滑肌痙攣。

(d) 白术：健胃補脾

(e) 甘草：解痙止痛；半夏：鎮咳止吐。

藥理：

(a) 藿香、生薑、紫蘇：發汗解熱，合為解表祛濕之劑。

(b) 白术、茯苓：利水滲濕。

(c) 桔梗：所含皂苷配合陳皮有刺激性祛痰作用。

(d) 半夏、甘草：祛痰鎮咳。

(e) 厚朴：有廣譜抗菌作用，不易被熱、酸、鹼等破壞，對金黃色葡萄球菌，溶血性鏈球菌，痢疾桿菌等均有抑制作用。

(f) 藿香：所含廣藿香酮對金黃色葡萄球菌，綠膿桿菌，大腸桿菌，痢疾桿菌，A 型溶血性鏈球菌，肺炎鏈球菌，流感病毒均有抑制作用。

(g) 本方對肝組織及血液中的葡萄糖及水分有增加吸收作用。能使瀉痢後的腸胃恢復對糖類吸收功能。

臨床應用：用於流行性感冒，病毒性腸炎，急性胃腸炎，急性或慢性結腸炎，蕁麻疹，酸中毒 (急性胃腸炎引起失水性酸中毒、糖尿病酮酸中毒、尿毒症酸中毒)，亞硝酸鹽中毒等。

藿香 ◆ 到手即香，微妙無量

Memo

參考文獻 (※ 依作者或編輯單位筆劃順序排列)

中國文化研究會，1999，中國本草全書 (全 400 卷)：第 28 卷～第 37 卷：御製本草品彙精要 (羅馬本)，北京：華夏出版社。

甘偉松，1964 ～ 1968，臺灣植物藥材誌 (1 ～ 3 輯)，臺北市：中國醫藥出版社。

甘偉松、那琦、江双美，1980，臺中市藥用植物資源之調查研究，私立中國醫藥學院研究年報 11：419-500。

甘偉松、那琦、許秀夫，1980，彰化縣藥用植物資源之調查研究，私立中國醫藥學院研究年報 11：215-346。

甘偉松、那琦、廖江川，1979，臺中縣藥用植物資源之調查研究，私立中國醫藥學院研究年報 10：621-742。

朱橚 (明)，1996，救荒本草，北京：中醫古籍出版社。

江蘇新醫學院，1992，中藥大辭典 (上、下冊)，上海：上海科學技術出版社。

吳其濬 (清)，1992，植物名實圖考，臺北市：世界書局。

李昭瑩，2017，中藥概論，臺中市：文興印刷事業有限公司。

李昭瑩、王儀絜、黃世勳，2017，藥膳學，臺中市：文興印刷事業有限公司。

李時珍 (明)，1994，本草綱目，臺北市：國立中國醫藥研究所。

林宜信、張永勳、陳益昇、謝文全、歐潤芝等，2003，臺灣藥用植物資源名錄，臺北市：行政院衛生署中醫藥委員會。

唐慎微等 (宋)，1977，經史證類大觀本草 (柯氏本)，臺南市：正言出版社。

孫星衍、孫馮翼輯錄 (清)，1985，神農本草經 [後漢]，臺北市：五洲出版社。

高木村，1985 ～ 1996，臺灣民間藥 (1 ～ 3 冊)，臺北市：南天書局有限公司。

國家中醫藥管理局《中華本草》編委會，1999，中華本草 (1 ～ 10 冊)，上海：上海科學技術出版社。

寇宗奭 (宋)，1987，本草衍義 (重刊)，臺中市：華夏文獻資料出版社。

曹暉校注，2004，本草品匯精要 [明‧劉文泰等纂修] 校注研究本，北京：華夏出版社。

郭城孟、楊遠波、劉和義、呂勝由、施炳霖、彭鏡毅、林讚標，1997 ～ 2002，臺灣維管束植物簡誌 (1 ～ 6 卷)，臺北市：行政院農業委員會。

彭文煌、黃世勳，2010，中藥藥理學，臺中市：文興出版事業有限公司。

黃世勳，2018，實用藥用植物圖鑑及驗方：易學易懂 600 種 (第 2 版)，臺中市：文興印刷事業有限公司。

黃世勳、黃世杰、黃文興，2014，鹿港地區常見藥用植物圖鑑，臺中市：文興出版事業有限公司；彰化縣鹿興國際同濟會、中華藥用植物學會 (共同發行)。

楊再義等，1982，臺灣植物名彙，臺北市：天然書社有限公司。

臺灣植物誌第二版編輯委員會，1993 ～ 2003，臺灣植物誌第二版 (1 ～ 6 卷)，臺北市：臺灣植物誌第二版編輯委員會。

鄭武燦，2000，臺灣植物圖鑑 (上、下冊)，臺北市：茂昌圖書有限公司。

謝文全、謝昀志，2009，本草學 (第 6 版)，臺中市：文興出版事業有限公司。

國家圖書館出版品預行編目 (CIP) 資料

詩情畫意說藥草 / 高一忠編著 . -- 初版 . -- 臺中市：
文興印刷出版：明中堂自然醫學教室發行，
民 107.11
　　　面；　公分 . -- (神農嚐百草；11)
　　　ISBN 978-986-6784-35-4(平裝)
　　　1. 藥用植物 2. 植物圖鑑
　　　376.15025　　　　　　　　107019362

神農嚐百草 11 (SN11)

詩情畫意說藥草

出版者：文興印刷事業有限公司
地　　址：407 臺中市西屯區漢口路 2 段 231 號
電　　話：(04)23160278　傳真：(04)23124123
E-mail：wenhsin.press@msa.hinet.net
網　　址：www.flywings.com.tw

共同發行：明中堂自然醫學教室
地　　址：500 彰化縣彰化市埔東街 99 號
電　　話：(04)7127167

作　　者：高一忠
攝　　影：黃世勳、高一忠
發行人：黃文興
總策劃：賀曉帆、黃世杰
美術編輯 / 封面設計：銳點視覺設計 (04)23588230

總經銷：紅螞蟻圖書有限公司
地　　址：114 臺北市內湖區舊宗路 2 段 121 巷 19 號
電　　話：(02)27953656　傳真：(02)27954100
初　　版：中華民國 107 年 11 月
定　　價：新臺幣 480 元整
I S B N：978-986-6784-35-4(平裝)

歡迎郵政劃撥
戶　　名：文興印刷事業有限公司
帳　　號：22785595